KB161208

겨울 손뜨개 가방

아사히신문출판 지음 | 강수현 옮김

Hans Media

큼지막한 가방부터 자그마한 가방,

대바늘뜨기에서 코바늘뜨기까지

다양한 손뜨개 가방을 소개합니다.

모양은 단순하지만 뜨는 즐거움을 더한

독창적인 가방들을 모았습니다.

니트 백은 늘어날까 봐 걱정된다는 분들도 안심하고 쓸 수 있게

손잡이에 리본을 겹친다든지 지퍼를 달거나 안감을 넣는 등

다양한 아이디어를 적용해 만들었습니다.

안감을 넣고 싶은데 크기가 약간 다르게 완성되었을 때

완성 크기에 맞는 안감 만드는 법도 설명합니다.

이 책에서 마음에 드는 나만의 겨울 손뜨개 가방 디자인을

발견하기를 바랍니다.

Contents

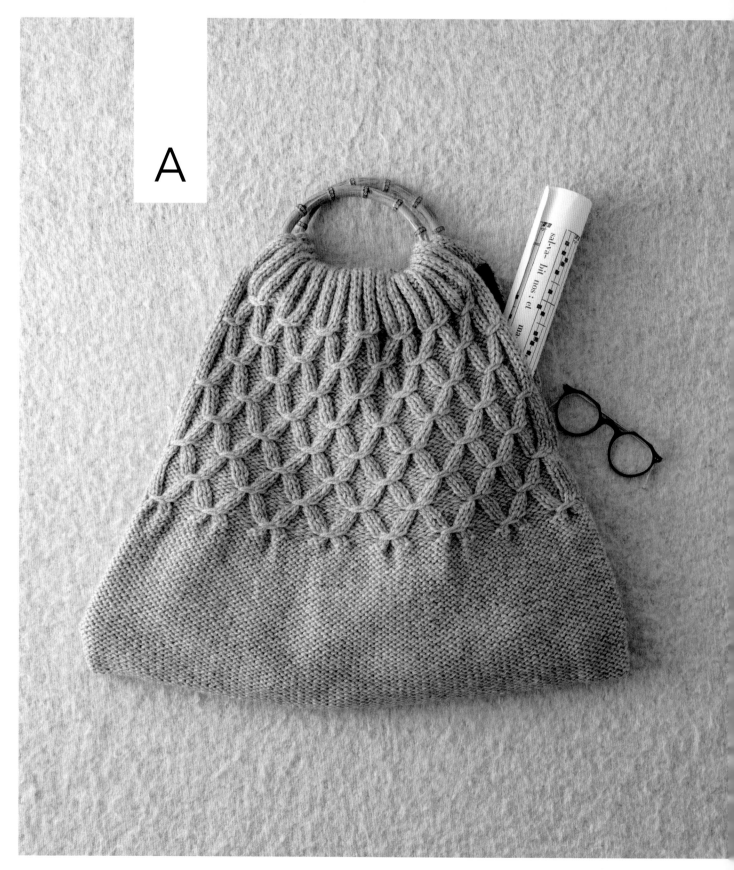

A

작은 대나무 손잡이가 매력적인 스모킹 백입니다. 안감이 있어 물건을 가득 담을 수 있답니다.

Design 사이치카   Yarn 하마나카 맨즈 클럽 마스터

How to make > p.**32**

입체 꽃무늬는 걸어뜨기를 활용했습니다. 세탁 가능한 아크릴 소재 가방은 늘 청결하게 쓸 수 있어 좋습니다.

Design 하시모토 마유코　　Yarn 하마나카 보니

How to make > p.**34**

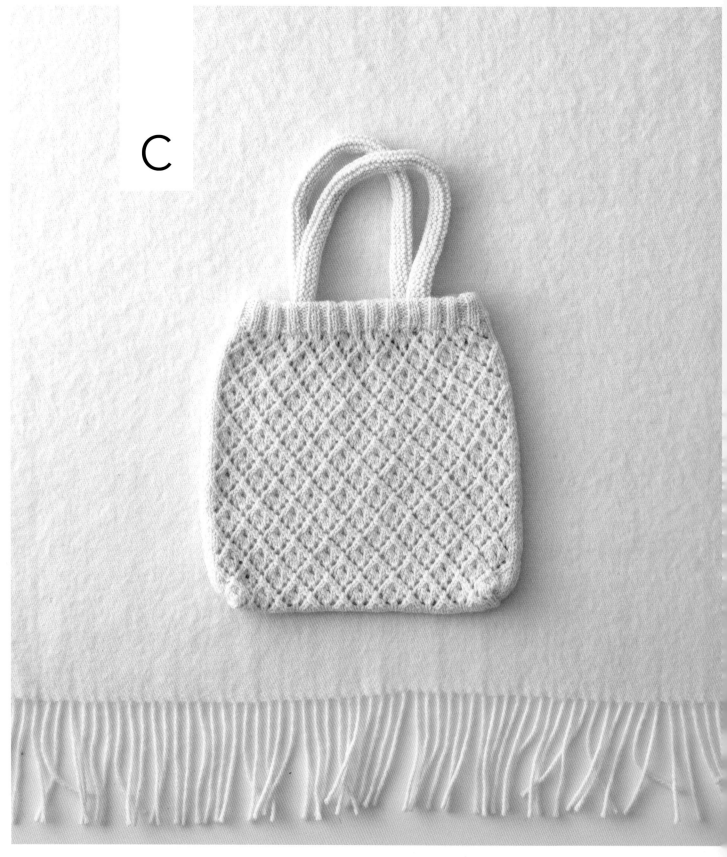

C

청초한 레이스 무늬가 아름다운 가방입니다. 손잡이는 리본을 끼워 넣어서 잘 늘어나지 않게 했습니다.

Design 스기야마 토모   Yarn 하마나카 소노모노 '합태'

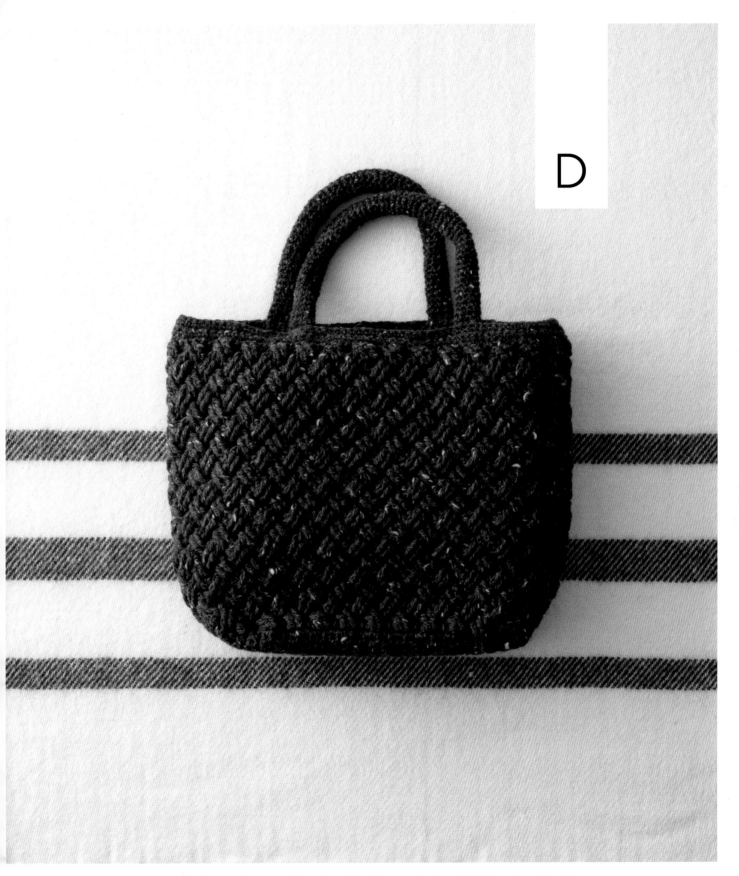

D

바구니 무늬는 코바늘의 앞걸어뜨기로 떴습니다. 안감 없이도 예쁜 형태가 유지된답니다.

Design **가제코보**   Yarn **하마나카 아란 트위드**

How to make > p.**38**

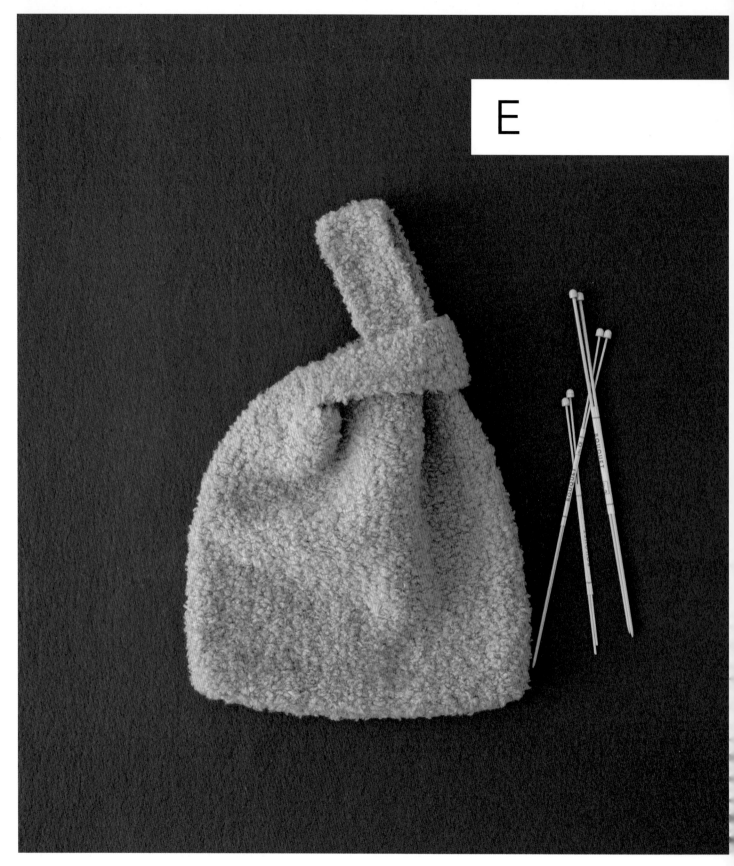

인기 있는 에코 퍼 실로 뜬 쇼핑백 모양의 가방입니다. 손잡이를 한쪽에 걸면 들기 편해요.

Design **가제코보**   Yarn **하마나카 메리노 울 퍼**

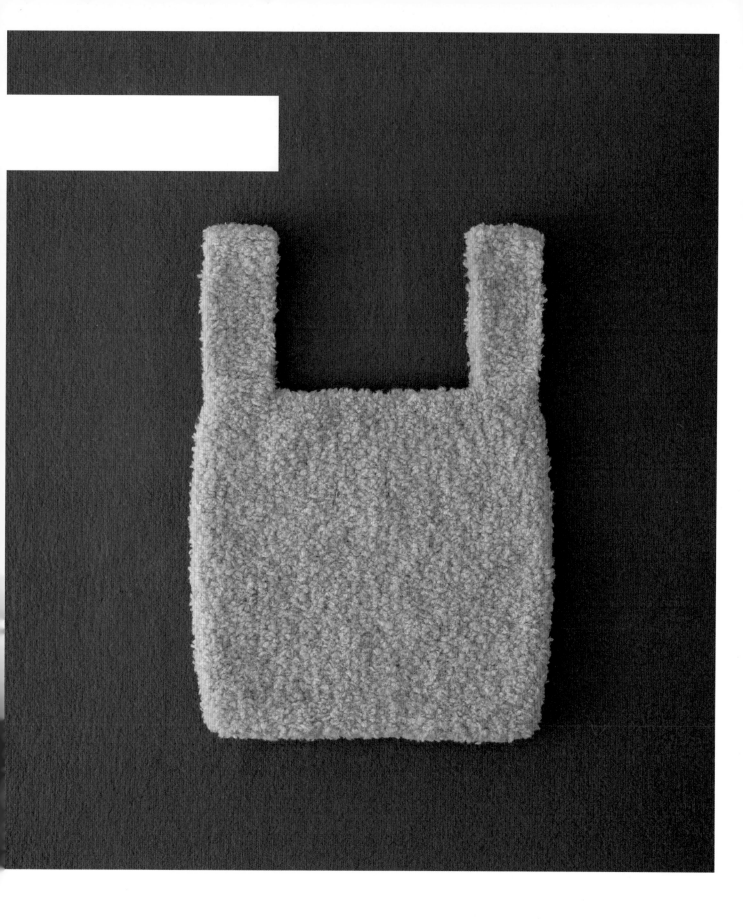

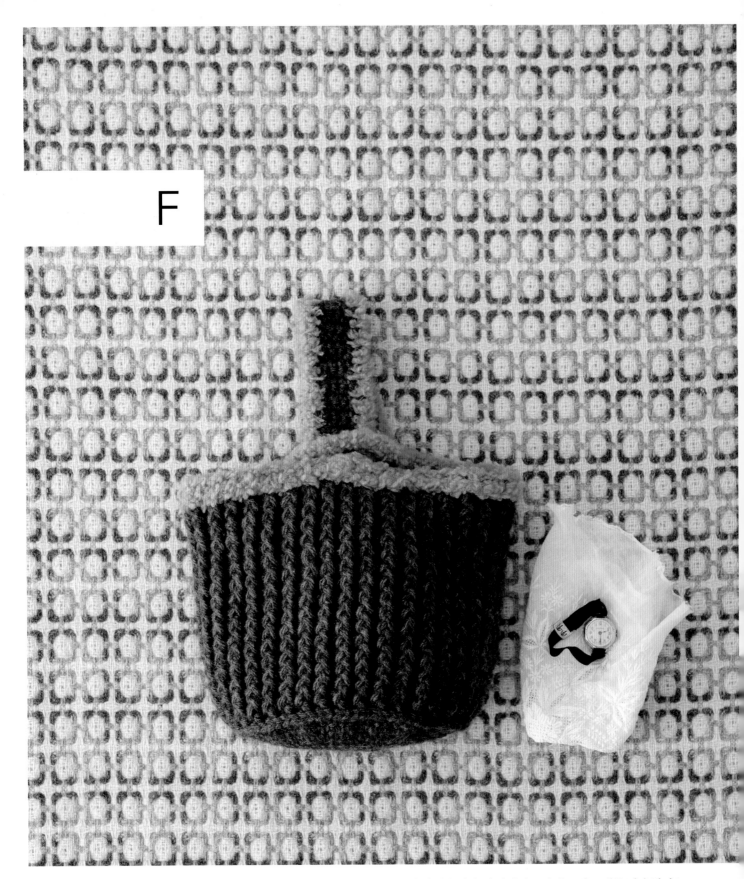

F

앞걸어뜨기와 뒤걸어뜨기를 번갈아 떴더니 올록볼록 입체적인 무늬가 나왔습니다. 가장자리뜨기에는 퍼 소재를 사용했어요.
Design 고시젠 유카　　Yarn 하마나카 아메리 L '극태' / 하마나카 메리노 울 퍼

짧은뜨기와 두길 긴뜨기를 합치면 작은 도트무늬가 나옵니다. 같은 실로 뜬 뜨개볼 단추가 포인트예요.

Design **Ami**   Yarn **하마나카 루나 몰**

How to make > p.**44**

H

에코 퍼 실로 뜬 복주머니 가방입니다. 바닥에 스트레이트 얀을 사용해 탄탄한 모양을 유지할 수 있어요.

Design 가와이 마유미　　Making 세키야 사치코　　Yarn 하마나카 메리노 울 퍼 / 하마나카 아메리

손잡이에 가죽끈을 끼워서 고급스럽게.

흐르는 듯한 무늬가 아름다운 모노 톤 가방. 네모난 조각들의 조합으로 스타일리시한 가방을 완성했습니다.

Design 사이치카   Yarn 하마나카 엑시드 울 L '병태'

How to make > p.46

스트라이프 무늬의 옆면과 바닥은 이어서 뜨고
마지막에 본체와 잇습니다.

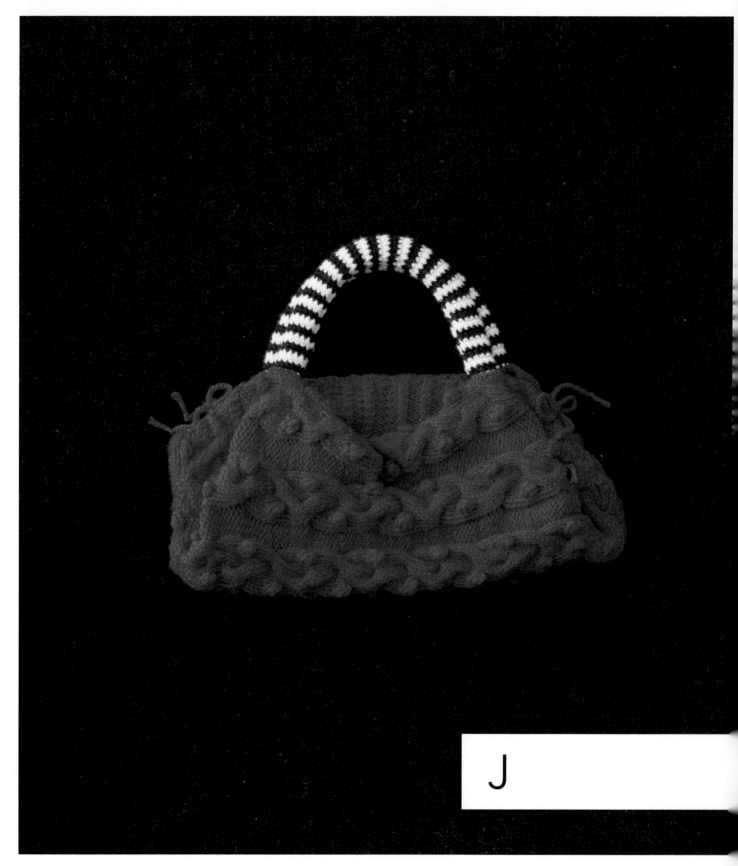

J

선명한 빨강이 코디의 포인트가 되는 케이블 무늬 가방입니다. 모양을 잡을 때 아이디어를 더해 멋스럽게 완성했습니다.

Design **사이치카**   Yarn **하마나카 엑시드 울 L '병태'**

K

심플한 메리야스뜨기 바탕에 교차무늬를 디자인한 미니 백. 입구와 손잡이는 코바늘의 이랑뜨기로 뜹니다.

Design **가와이 마유미**　Making **하뉴 아키코**　Yarn **하마나카 아메리**

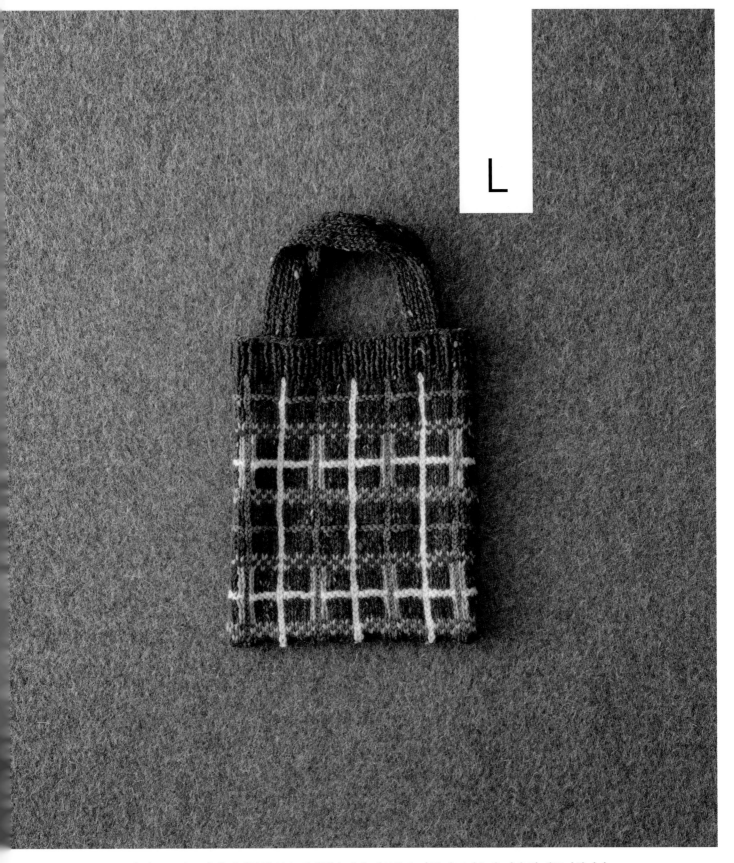

L

느낌 있는 트위드 얀에 컬러풀한 실을 배색했습니다. 세로줄은 나중에 코바늘을 사용해 빼뜨기합니다.

Design 오카모토 마키코   Yarn 하마나카 아란 트위드 / 하마나카 아메리

How to make > p.52

M

몰 소재의 바탕에 광택 있는 레이온 실을 배색한 버킷 백. 차분한 카멜 브라운과 블랙의 조합은 가을철 패션 아이템으로 추천합니다.

Design Little Lion   Yarn 하마나카 루나 몰 / 하마나카 에코 안다리아

How to make > p.**54**

N

동글한 모양이 귀여운 루프 얀의 링뜨기 가방입니다. 가죽 손잡이를 사용해 간단히 완성했습니다.

Design 오카모토 마키코   Yarn 하마나카 소노모노 루프 / 하마나카 소노모노 알파카 울

How to make > p.56

한길 긴뜨기와 사슬뜨기로 만든 무늬 사이에 통통한 구슬뜨기의 작은 꽃을 배치했습니다. 아름다운 푸른빛이 겨울 거리에서 빛납니다.

Design **하시모토 마유코**   Yarn **하마나카 루나 몰**

How to make > p.58

릴리프를 연상시키는 입체 모티브가 눈길을 끕니다. 다양한 코디에 활용하기 좋은 가방이랍니다.

Design **가와이 마유미**　　Design **우노 토모코**　　Yarn **하마나카 아메리**

How to make > p.**60**

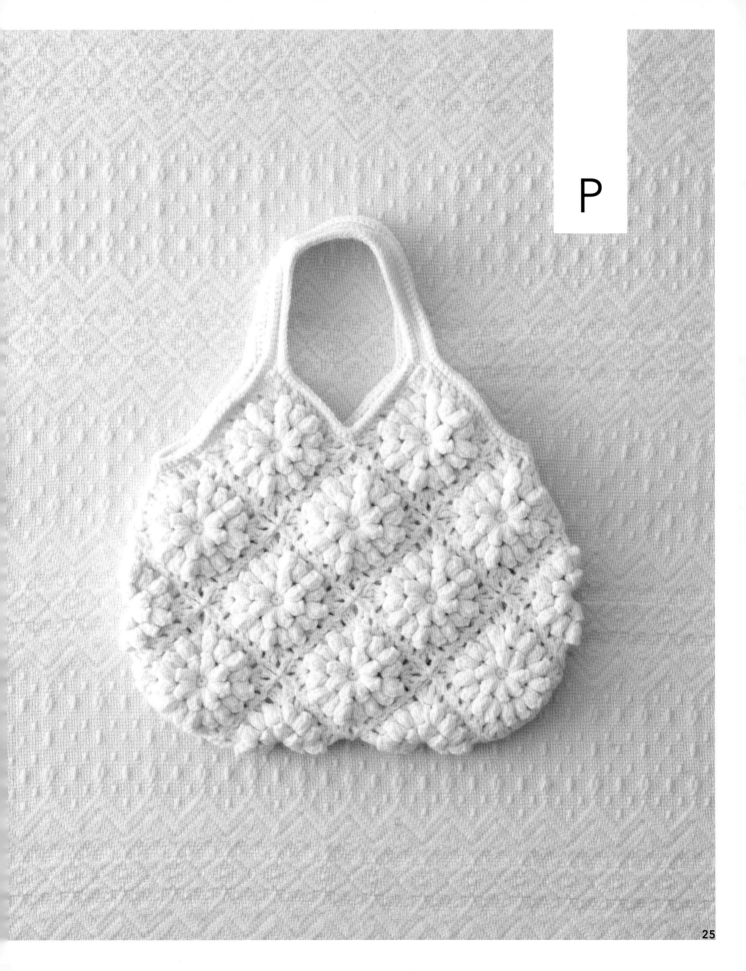

P

뜨개질로 떠서 붙이는 방식의 가방
프레임은 다는 방법도 간단합니다.

촉감이 좋은 몰 소재로 뜬 구슬뜨기의 프레임 가방입니다. 세 가지 색깔을 조합해 멋스럽게 완성했습니다.

Design 고시젠 유카　　Yarn 하마나카 루나 몰

How to make > p.62

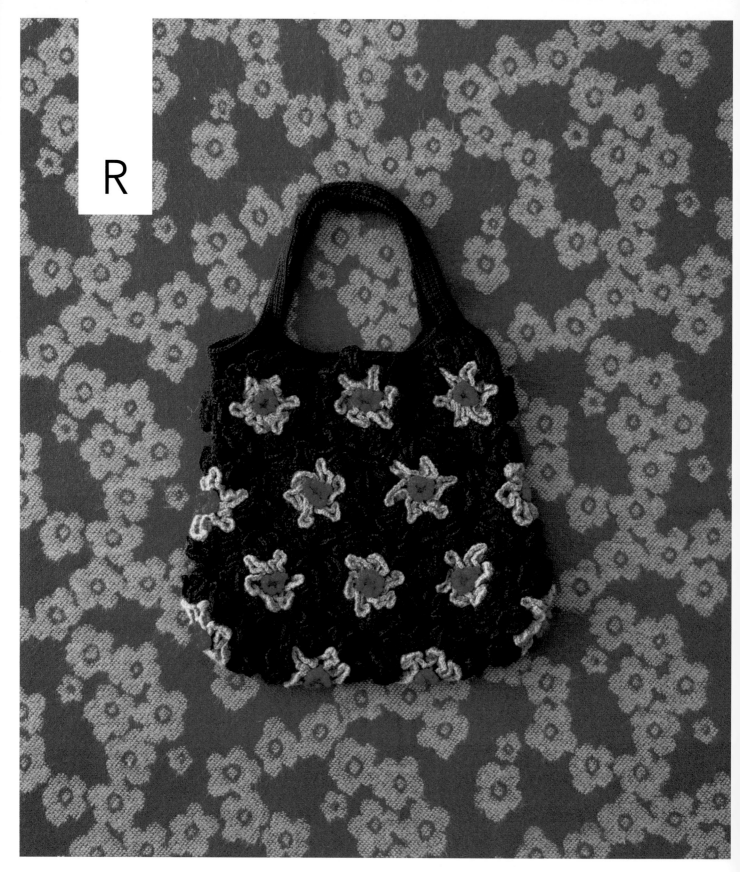

R

프릴처럼 움직이는 듯한 꽃잎이 어른스러운 느낌을 풍깁니다. 꽃 중심의 빨간색으로 포인트를 주었습니다.

Design 오카모토 마키코   Yarn 하마나카 아메리 F '합태'

변형 교차무늬가 아름다운 가방입니다. 직사각형으로 떠서 대나무 손잡이를 감싸면 가방이 완성된답니다.

Design **스기야마 토모**   Yarn **하마나카 소노모노 알파카 울 '병태'**

How to make > p.**68**

T

트위드 얀으로 뜬 사코슈는 큼직한 케이블무늬와 허니콤무늬의 조합입니다. 지퍼를 달아 모양새도 깔끔하지요.

Design **고시젠 유카**　Yarn **하마나카 아란 트위드**

How to make > p.**70**

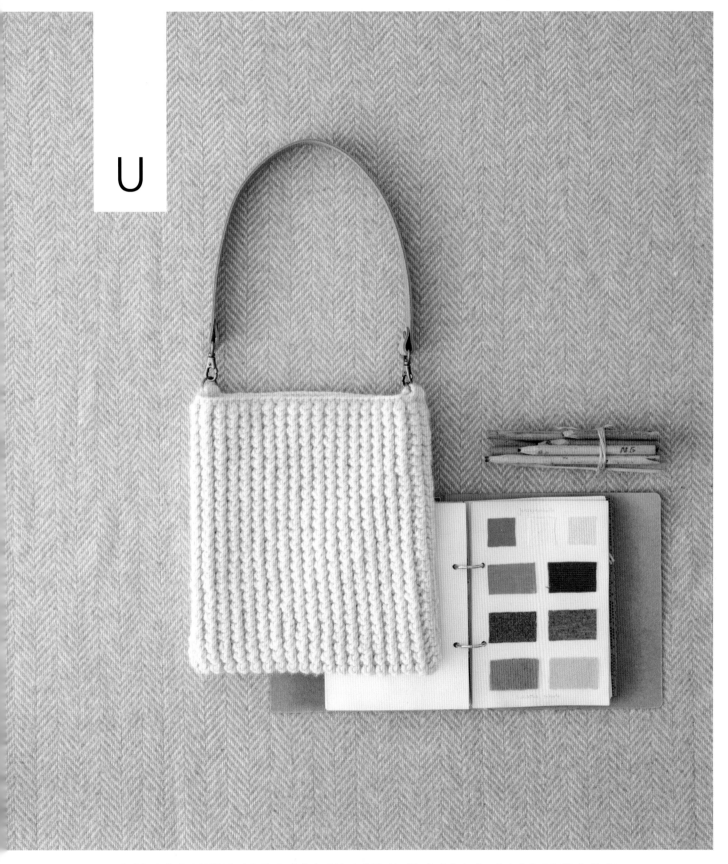

U

뜨는 즐거움까지 더한 통통한 연속무늬 디자인. 반복적인 무늬는 한 번 익히면 리드미컬하게 계속 뜰 수 있어요.

Design **가제코보**   Yarn **하마나카 소노모노 '초극태'**

How to make > p.**72**

A 사진 p.**4** 　크기 … 너비 56cm, 깊이 38cm

준비물

실	하마나카 맨즈 클럽 마스터(1볼 50g) … 그레이 (56) 290g
바늘	막힘대바늘(하마나카 아미아미) … 10호 2개 막힘대바늘(하마나카 아미아미) … 8호 2개
부재료	하마나카 대나무 모양 핸들 D형(중) 내추럴 (가로 약 15cm×세로 약 11cm, 굵기 약 10mm/ H210-632-1) … 1세트 안감
게이지	무늬뜨기(10×10cm) … 22코 24단 안메리야스뜨기(10×10cm) … 14.5코 20단

뜨는 법

⊙ 실은 1겹으로 뜹니다.

1 입구와 본체는 일반적인 기초코 만들기 방법으로 81코를 만들어 고무뜨기, 무늬뜨기, 안메리야스뜨기로 증감 없이 뜨고 뜨개 끝은 덮어씌워 코막음합니다.

2 조립하는 법의 번호 순서대로 조립합니다.

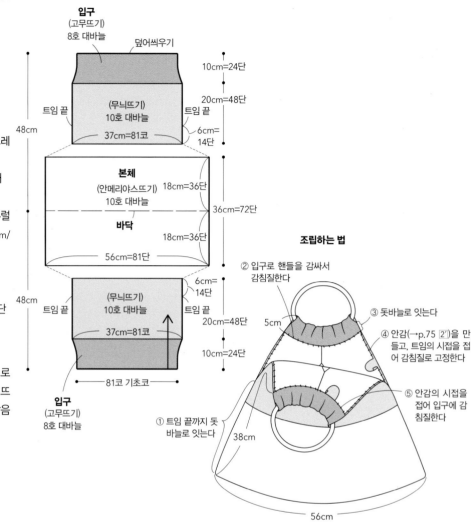

입구
(고무뜨기)
8호 대바늘
덮어씌우기

10cm=24단
20cm=48단

(무늬뜨기)
10호 대바늘

6cm=
14단

트임 끝　37cm=81코　트임 끝

48cm

본체
(안메리야스뜨기)
10호 대바늘
바닥

18cm=36단
36cm=72단
18cm=36단

56cm=81단

48cm

트임 끝
(무늬뜨기)
10호 대바늘
트임 끝

6cm=
14단
20cm=48단
10cm=24단

37cm=81코

81코 기초코

입구
(고무뜨기)
8호 대바늘

조립하는 법

② 입구로 핸들을 감싸서 감침질한다

③ 돗바늘로 잇는다

④ 안감(→p.75 2')을 만들고, 트임의 시접을 접어 감침질로 고정한다

⑤ 안감의 시접을 접어 입구에 감침질한다

① 트임 끝까지 돗바늘로 잇는다

5cm

38cm

56cm

스모킹 뜨는 법

1 무늬 위치의 직전까지 뜨고, 화살표와 같이 7번째 코와 8번째 코 사이로 바늘을 넣는다.

2 바늘에 실을 걸어서 뺀다.

3 1번째 코에 바늘을 넣고, 겉뜨기를 뜨는 것처럼 실을 걸어서 뺀다.

4 왼쪽 바늘에 7코가 걸려 있다. 화살표와 같이 1번째 코를 바늘에서 뺀다.

5 바늘에 6코가 남는다.

6 바늘에 걸려 있는 나머지 코를 뜬다.

7 무늬 사이의 안뜨기 3코를 뜬다.

8 연속해서 무늬를 뜬 모습.

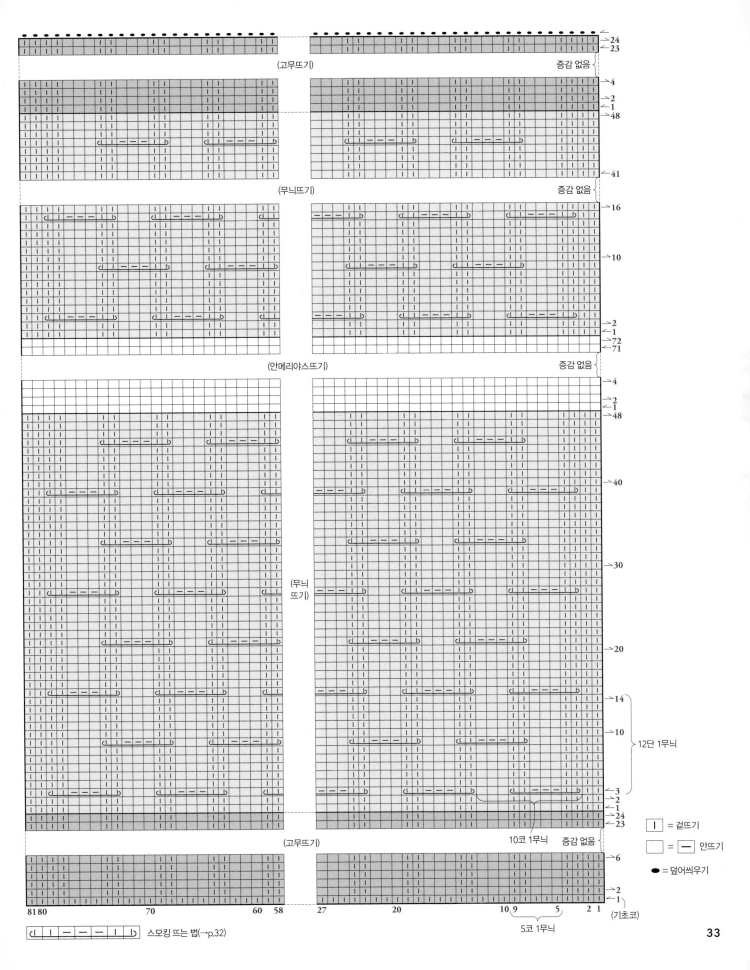

（고무뜨기）　　　　　　　　　　　　　　증감 없음

（무늬뜨기）　　　　　　　　　　　　　　증감 없음

（안메리야스뜨기）　　　　　　　　　　증감 없음

（무늬
뜨기）

12단 1무늬

（고무뜨기）　　　　　　　　　　　　　증감 없음

10코 1무늬

5코 1무늬

| | = 겉뜨기

| | = | — | 안뜨기

● = 덮어씌우기

⊃|ㅣ — — ㅣ⊂ 스모킹 뜨는 법(→p.32)

（기초코）

33

B
사진 p. 5 크기 … 너비(입구) 40cm, 깊이 24.5cm

준비물

실	하마나카 보니(1볼 50g) … 겨자색 (491) 250g
바늘	양쪽코바늘(하마나카 아미아미 라쿠라쿠) … 7.5/0호 1개
	양쪽코바늘(하마나카 아미아미 라쿠라쿠) … 7/0호 1개
게이지	짧은뜨기 … 15코가 10cm, 10단이 7cm
	무늬뜨기 … 1무늬 약 6.7cm, 1무늬(4단) 6.5cm

뜨는 법

⊙ 실은 1겹, 지정한 바늘로 뜹니다.

1 바닥은 사슬뜨기 35코로 기초코를 만들고, 짧은뜨기로 표와 같이 코를 늘리면서 뜹니다.

2 이어서 본체를 무늬뜨기, 짧은뜨기로 원형뜨기합니다.

3 입구와 손잡이를 짧은뜨기로 뜨는데, 지정 위치에서는 사슬뜨기 60코씩 뜹니다.

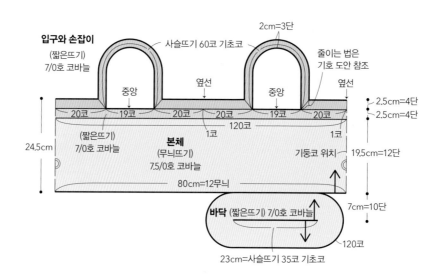

입구와 손잡이
(짧은뜨기)
7/0호 코바늘

사슬뜨기 60코 기초코

2cm=3단

줄이는 법은 기호 도안 참조

중앙 옆선 중앙 옆선

20코 19코 20코 20코 19코 20코

120코

2.5cm=4단
2.5cm=4단

(짧은뜨기)
7/0호 코바늘

본체
(무늬뜨기)
7.5/0호 코바늘

1코 1코

기둥코 위치

19.5cm=12단

24.5cm

80cm=12무늬

바닥 (짧은뜨기) 7/0호 코바늘

7cm=10단

120코

23cm=사슬뜨기 35코 기초코

무늬 뜨는 법

1 1번째 단. 두길 긴뜨기 3코를 떠서 한 바퀴 빙 두른 모습.

2 2번째 단. 전단의 두길 긴뜨기에 미완성의 한길 긴 앞걸어뜨기를 뜬다.

3 같은 요령으로 미완성의 앞걸어뜨기를 6코 뜨고, 화살표와 같이 바늘에 실을 걸어서 한 번에 뺀다.

4 코를 모두 뺀 모습. 한길 긴 앞걸어 6코 모아뜨기를 떴다. 이어서 사슬뜨기를 뜬다.

5 3번째 단. 화살표와 같이 바늘을 넣고 두길 긴뜨기 3코, 사슬뜨기 3코, 두길 긴뜨기 3코를 뜬다.

6 4번째 단. **2**와 **3**의 요령으로 한길 긴 앞걸어 6코 모아뜨기를 떴다.

7 4번째 단을 모두 떴다.

8 연속해서 무늬를 뜬 모습.

34

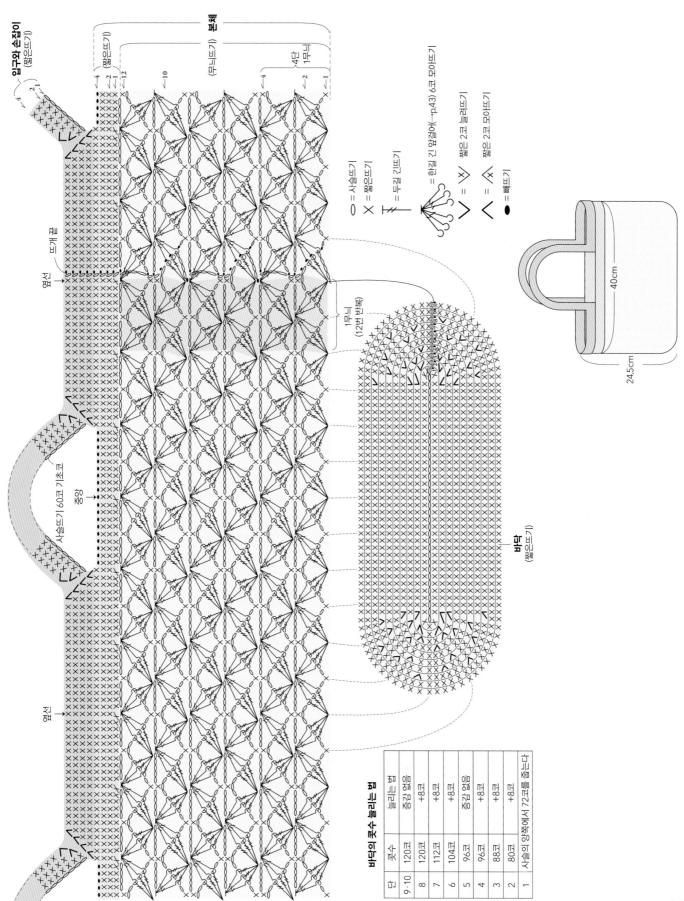

바닥의 콧수 늘리는 법

단	콧수	늘리는 법
9-10	120코	증감 없음
8	120코	+8코
7	112코	+8코
6	104코	+8코
5	96코	증감 없음
4	96코	+8코
3	88코	+8코
2	80코	+8코
1	사슬의 양쪽에서 72코를 줍는다	

입구와 손잡이 (짧은뜨기)

본체

(짧은뜨기)

(무늬뜨기)

4단 1무늬

무개 끝

옆선

사슬뜨기 60코 기초코

중앙

옆선

1무늬 (12번 반복)

바닥 (짧은뜨기)

○ = 사슬뜨기
X = 짧은뜨기
T = 두줄 긴뜨기
= 한길 긴 앞걸이(→p.43) 6코 모아뜨기
∨ = ∨ 짧은 2코 늘려뜨기
∧ = ∧ 짧은 2코 모아뜨기
● = 빼뜨기

40cm

24.5cm

35

C

사진 p. 6 크기 … 너비 25cm, 깊이 22.5cm, 바닥 폭 2cm

준비물

실	하마나카 소노모노 '합태'(1볼 40g) … 오프화이트 (1) 95g
바늘	막힘대바늘(하마나카 아미아미) … 5호 2개
	막힘대바늘(하마나카 아미아미) … 4호 2개
부재료	그로그랭 리본(폭 1cm×62cm)
	안감
게이지	무늬뜨기(10×10cm) … 22코 42단

뜨는 법

⊙ 실은 1겹으로 뜹니다.

1 나중에 풀어내는 기초코 만들기 방법으로 기초코 59코를 만들고 본체를 무늬뜨기, 입구는 2코 고무뜨기로 뜬 다음 뜨개 끝은 덮어씌워서 코막음합니다.

2 기초코의 실을 풀어 코를 줍고, 나머지 한쪽의 본체와 입구를 **1**과 똑같이 뜹니다.

3 손잡이를 뜹니다.

4 조립하는 법의 번호 순서대로 조립합니다.

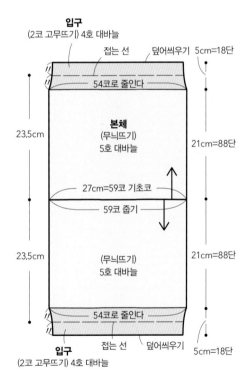

입구
(2코 고무뜨기) 4호 대바늘
접는 선   덮어씌우기   5cm=18단
54코로 줄인다

23.5cm

본체
(무늬뜨기)
5호 대바늘

21cm=88단

27cm=59코 기초코
59코 줍기

23.5cm

(무늬뜨기)
5호 대바늘

21cm=88단

54코로 줄인다
입구
접는 선   덮어씌우기   5cm=18단
(2코 고무뜨기) 4호 대바늘

손잡이 2장
(가터뜨기) 5호 대바늘
덮어씌우기
31cm=76코 기초코   4cm=14단

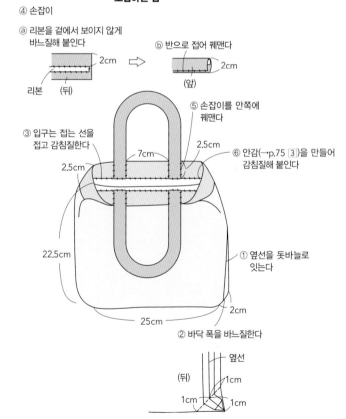

조립하는 법

④ 손잡이

ⓐ 리본을 겉에서 보이지 않게 바느질해 붙인다
리본   (뒤)   2cm

ⓑ 반으로 접어 꿰맨다   2cm
(앞)

③ 입구는 접는 선을 접고 감침질한다   7cm   2.5cm
2.5cm

⑤ 손잡이를 안쪽에 꿰맨다

⑥ 안감(→p.75 ③)을 만들어 감침질해 붙인다

22.5cm

① 옆선을 돗바늘로 잇는다

25cm   2cm

② 바닥 폭을 바느질한다

옆선
(뒤)   1cm
1cm   1cm

36

본체, 입구 뜨는 법

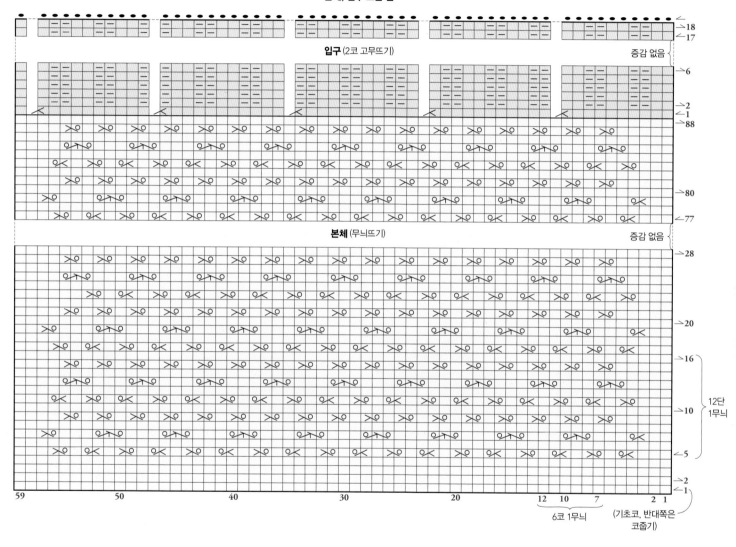

입구 (2코 고무뜨기)   증감 없음

본체 (무늬뜨기)   증감 없음

12단 1무늬

6코 1무늬   (기초코, 반대쪽은 코줍기)

□ = │ 겉뜨기

─ = 안뜨기

✕ = 왼코 겹쳐 2코 모아뜨기

O✕ = 왼코 겹쳐 2코 모아뜨기, 걸기코

✕O = 걸기코, 오른코 겹쳐 2코 모아뜨기

O┴O = 걸기코, 오른코 겹쳐 3코 모아뜨기, 걸기코

● = 덮어씌우기

손잡이 뜨는 법

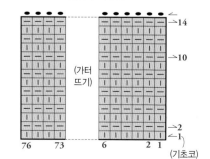

(가터 뜨기)

(기초코)

37

D

사진 p. 7   크기 ⋯ 너비 32cm, 깊이 26cm, 바닥 폭 10cm

준비물

실   하마나카 아란 트위드(1볼 40g) ⋯ 다크 그린 (18) 260g

바늘   양쪽코바늘(하마나카 아미아미 라쿠라쿠) ⋯ 7/0호 1개

게이지   짧은뜨기(바닥) ⋯ 18코가 9cm, 21단이 10cm

무늬뜨기 ⋯ 2무늬가 4.3cm, 8단이 10cm

뜨는 법

⊙ 실은 1겹으로 뜹니다.

1 바닥은 사슬뜨기 18코를 기초코로 만들어 짧은뜨기로 40단을 왕복해 뜨고, 바닥 둘레에 짧은뜨기 1단을 뜹니다.

2 이어서 본체를 무늬뜨기로 원형뜨기하고, 입구는 짧은뜨기를 단마다 방향을 바꾸면서 원형으로 뜹니다.

3 손잡이는 사슬뜨기 8코로 기초코를 만들어 원형으로 짧은뜨기를 뜨고, 입구 안쪽에 꿰맨 다음 박음질로 고정합니다.

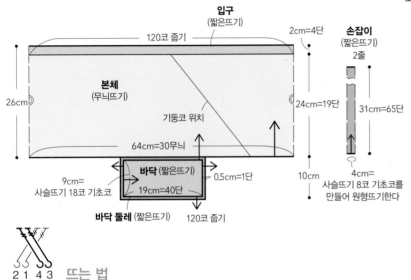

조립하는 법

2 1 4 3   **뜨는 법**

1 바늘에 실을 2번 걸고, 화살표와 같이 3번째 코에 두길 긴 앞걸어뜨기를 뜬다.

2 다시 두길 긴 앞걸어뜨기를 4번째 코에 뜬다.

3 바늘에 실을 2번 걸고, 화살표와 같이 2의 앞을 지나 1번째 코에 두길 긴 앞걸어뜨기를 뜬다.

4 3처럼 2의 앞을 지나 2번째 코에 두길 긴 앞걸어뜨기를 뜬다.

2 1 4 3   **뜨는 법**

5 두길 긴 앞걸어뜨기의 오른코 위 교차뜨기를 했다.

6 1과 2의 요령으로 두길 긴 앞걸어뜨기를 2코 뜬다. 바늘에 실을 2번 걸고, 먼저 뜬 2코의 뒤를 지나 1번째 코와 2번째 코에 두길 긴 앞걸어뜨기를 뜬다.

7 두길 긴 앞걸어뜨기의 왼코 위 교차뜨기를 했다.

8 연속해서 무늬를 뜬 모습.

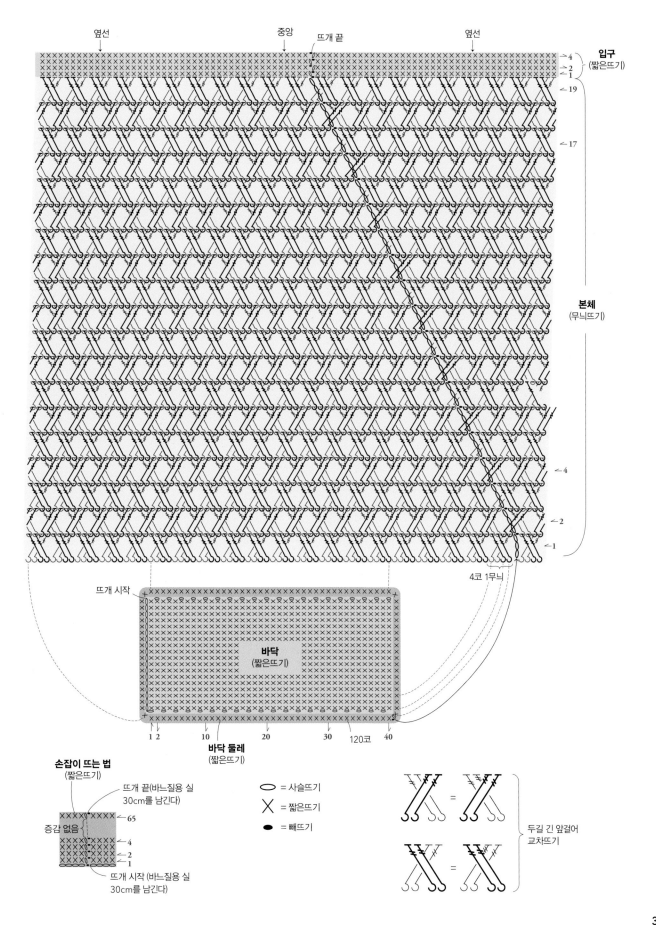

옆선　　　　　중앙　뜨개 끝　　　　옆선

입구
(짧은뜨기)

←4
←2
←1
←19

←17

본체
(무늬뜨기)

←4

←2

←1

4코 1무늬

뜨개 시작

바닥
(짧은뜨기)

1 2　　10　　　20　　　30　120코　40

바닥 둘레
(짧은뜨기)

손잡이 뜨는 법
(짧은뜨기)

뜨개 끝(바느질용 실
30cm를 남긴다)

←65

증감 없음

←4
←2
←1

뜨개 시작 (바느질용 실
30cm를 남긴다)

⬭ = 사슬뜨기
✕ = 짧은뜨기
⬮ = 빼뜨기

두길 긴 앞걸어
교차뜨기

39

E

사진 p. 8·9   크기 ··· 너비 32.5cm, 깊이 32cm

준비물

실   하마나카 메리노 울 퍼(1볼 50g) ··· 베이지 (2) 180g

바늘   대바늘(하마나카 아미아미) ··· 9호 4개

게이지   메리야스뜨기(10×10cm) ··· 11코 17단

뜨는 법

◉ 실은 2겹으로 뜹니다.

1 본체는 나중에 풀어내는 기초코 만들기 방법으로 72코를 만들고, 원형으로 메리야스뜨기를 합니다.

2 이어서 손잡이를 증감 없이 왕복뜨기로 뜨고, 뜨개 끝은 코를 쉬어 둡니다.

3 손잡이를 덮어씌워 빼뜨기 잇기로 연결합니다.

4 기초코를 풀어 코를 줍고, 바닥을 덮어씌워 빼뜨기 잇기로 연결합니다. 뜨개바탕을 뒤집어 안메리야스뜨기 쪽을 겉으로 사용합니다.

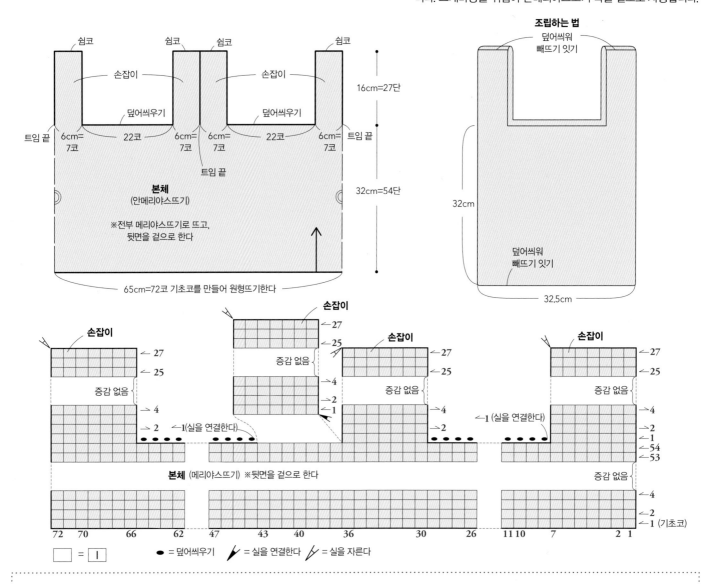

조립하는 법

덮어씌워 빼뜨기 잇기

32cm

덮어씌워 빼뜨기 잇기

32.5cm

쉼코   쉼코   쉼코   쉼코

손잡이   손잡이

16cm=27단

덮어씌우기   덮어씌우기

트임 끝   6cm=7코   22코   6cm=7코   6cm=7코   22코   6cm=7코   트임 끝

트임 끝

32cm=54단

본체
(안메리야스뜨기)

※전부 메리야스뜨기로 뜨고,
뒷면을 겉으로 한다

65cm=72코 기초코를 만들어 원형뜨기한다

손잡이

증감 없음

손잡이

증감 없음

손잡이

증감 없음

손잡이

증감 없음

←27
←25
→4
→2
←1(실을 연결한다)

←27
←25
→4
→2
→4
→2
←1

←27
←25
→4
→2
←1(실을 연결한다)

←27
←25
→4
→2
←1
←54
←53

증감 없음

본체 (메리야스뜨기)   ※뒷면을 겉으로 한다

증감 없음

72 70 66 62   47 43 40 36 30 26   11 10 7 2 1

→4
→2
←1 (기초코)

□ = │   ● = 덮어씌우기   ↗ = 실을 연결한다   ↗ = 실을 자른다

덮어씌워 빼뜨기 잇기   뜨개바탕을 겉과 겉이 맞닿게(작품 E는 안메리야스뜨기 쪽이 맞닿게) 겹치고, 코바늘로 한쪽 코를 당겨 뺀 다음 빼뜨기로 연결합니다.

1
한쪽 코를 당겨 뺀다

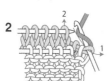
2

3

4

5

H
사진 p. 12·13 크기 … 너비(입구) 18cm, 깊이 22cm, 바닥 지름 12cm

준비물

실 하마나카 메리노 울 퍼(1볼 50g) … **a.** 흰색 (1) 45g, **b.** 검
　　은색 (8) 45g, **c.** 그레이 (6) 45g
　　하마나카 아메리(1볼 40g) … **a.** 내추럴 화이트 (20) 20g,
　　b. 퓨어 블랙 (52) 20g, **c.** 오트밀 (40) 20g
바늘 양쪽코바늘(하마나카 아미아미 라쿠라쿠) … 7/0호 1개
　　　대바늘 … 6호 4개
부재료 검은색 가죽 테이프(폭 0.5cm×165cm)
게이지 짧은뜨기 … 9단이 6cm
　　　　메리야스뜨기(10×10cm) … 12코 20단

뜨는 법

⊙ 실은 지정한 올 수로 뜹니다.

1 바닥은 실 2겹으로 뜨고, 실 끝으로 원을 만들어 짧은뜨기
8코를 뜹니다. 2번째 단부터는 표와 같이 코를 늘리면서 뜹
니다.

2 본체는 실 1겹으로, 바닥의 짧은뜨기 머리를 주워 메리야스
뜨기를 증감 없이 원형뜨기로 뜨고 뜨개 끝은 덮어씌워 코
막음합니다.

3 가죽 테이프를 지정 위치에 끼워서 묶습니다.

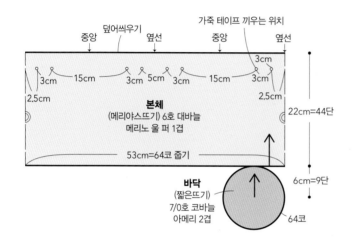

본체
(메리야스뜨기) 6호 대바늘
메리노 울 퍼 1겹

53cm=64코 줍기

22cm=44단

바닥
(짧은뜨기)
7/0호 코바늘
아메리 2겹

64코

6cm=9단

가죽 테이프 끼우는 법

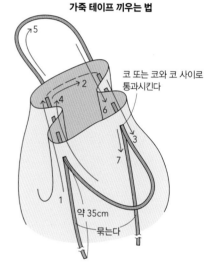

코 또는 코와 코 사이로
통과시킨다

약 35cm

묶는다

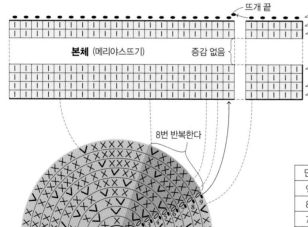

본체 (메리야스뜨기) 증감 없음

뜨개 끝

8번 반복한다

바닥
(짧은뜨기)

○ = 사슬뜨기
✕ = 짧은뜨기
● = 빼뜨기
∨ = 짧은 2코 늘려뜨기
| = 겉뜨기

바닥의 콧수와 늘리는 법

단	콧수	늘리는 법
9	64코	+8코
8	56코	증감 없음
7	56코	+8코
6	48코	+8코
5	40코	+8코
4	32코	+8코
3	24코	+8코
2	16코	+8코
1	8코 기초코	

완성 그림

잡아당겨서 같은
길이로 맞춘다

가죽 테이프의
끝을 묶는다

22cm

18cm

12cm

F

크기 … 바닥 지름 15cm, 깊이 17.5cm

준비물

실	하마나카 아메리 L '극태'(1볼 40g) … 차콜 그레이 (111) 160g
	하마나카 메리노 울 퍼(1볼 50g) … 그레이 (6) 15g
바늘	양쪽코바늘(하마나카 아미아미 라쿠라쿠) … 10/0호 1개
부재료	안감
게이지	짧은뜨기(바닥) … 9단이 7.5cm
	무늬뜨기(10×10cm) … 15코 10.5단

뜨는 법

⊙ 실은 지정하지 않은 것은 1겹으로 뜹니다.

1 바닥은 실 끝으로 원을 만들어 짧은뜨기 8코를 뜹니다. 2번째 단부터는 표와 같이 코를 늘리면서 뜹니다.

2 이어서 본체를 무늬뜨기로 원형뜨기하고, 가장자리뜨기를 합니다.

3 손잡이는 사슬뜨기 5코를 기초코로 만들어 짧은뜨기를 증감 없이 뜨고, 둘레에 짧은뜨기 1단을 뜹니다.

4 손잡이 뒷면에 안감을 붙이고, 지정 위치에 바느질해 붙입니다.

5 스레드 코드를 떠서 손잡이 아래쪽에 바느질해 붙입니다.

6 안감을 바느질해서 가방 안에 넣고, 입구에 꿰매어 고정합니다.

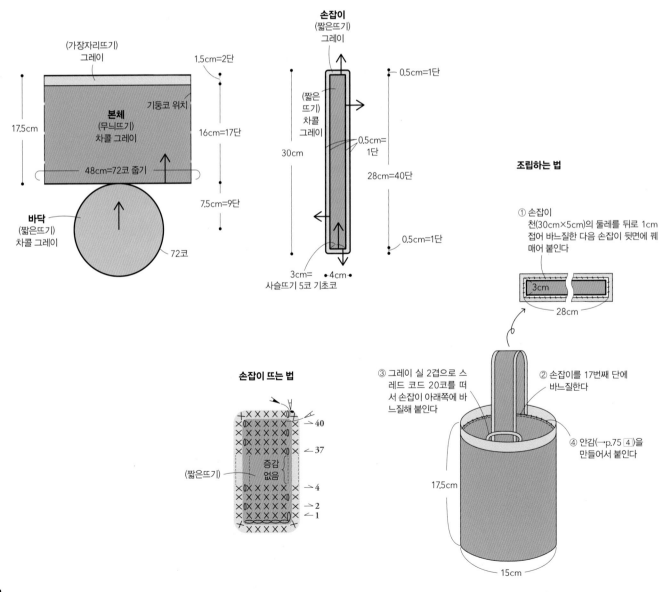

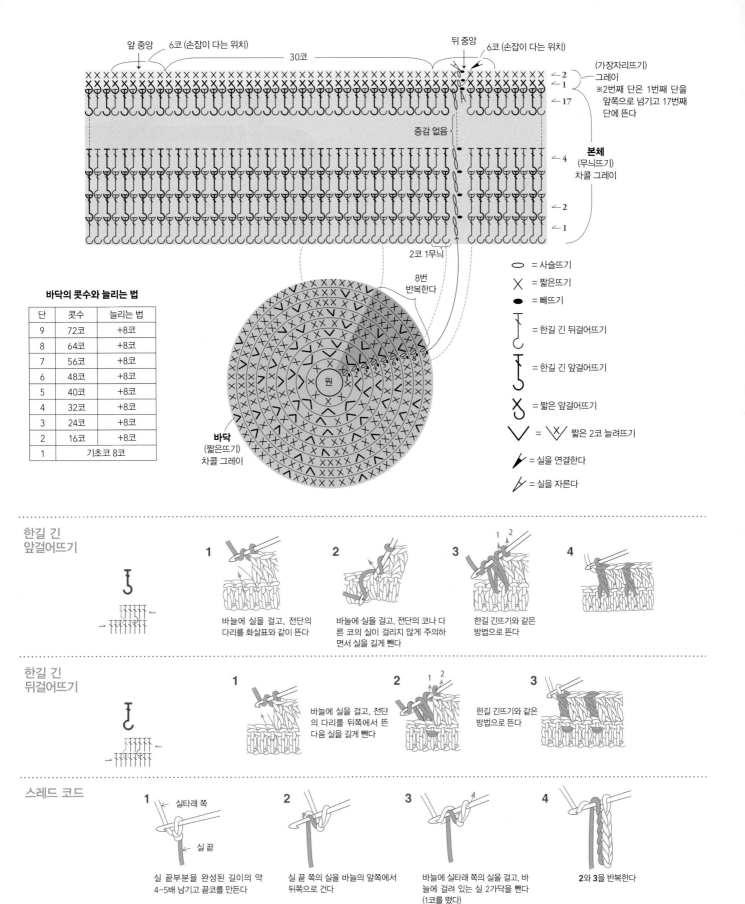

앞 중앙
6코 (손잡이 다는 위치)
30코
뒤 중앙
6코 (손잡이 다는 위치)

(가장자리뜨기)
그레이
※2번째 단은 1번째 단을
앞쪽으로 넘기고 17번째
단에 뜬다

2
1
17

증감 없음

본체
(무늬뜨기)
차콜 그레이

4

2
1

2코 1무늬

8번
반복한다

바닥의 콧수와 늘리는 법

단	콧수	늘리는 법
9	72코	+8코
8	64코	+8코
7	56코	+8코
6	48코	+8코
5	40코	+8코
4	32코	+8코
3	24코	+8코
2	16코	+8코
1	기초코 8코	

바닥
(짧은뜨기)
차콜 그레이

○ = 사슬뜨기

✕ = 짧은뜨기

● = 빼뜨기

= 한길 긴 뒤걸어뜨기

= 한길 긴 앞걸어뜨기

= 짧은 앞걸어뜨기

∨ = 짧은 2코 늘려뜨기

= 실을 연결한다

= 실을 자른다

한길 긴 앞걸어뜨기

1 바늘에 실을 걸고, 전단의 다리를 화살표와 같이 뜬다

2 바늘에 실을 걸고, 전단의 코나 다른 코의 실이 걸리지 않게 주의하면서 실을 길게 뺀다

3 한길 긴뜨기와 같은 방법으로 뜬다

4

한길 긴 뒤걸어뜨기

1 바늘에 실을 걸고, 전단의 다리를 뒤쪽에서 뜬 다음 실을 길게 뺀다

2 한길 긴뜨기와 같은 방법으로 뜬다

3

스레드 코드

1 실타래 쪽
실 끝
실 끝부분을 완성된 길이의 약 4-5배 남기고 끝코를 만든다

2 실 끝 쪽의 실을 바늘의 앞쪽에서 뒤쪽으로 건다

3 바늘에 실타래 쪽의 실을 걸고, 바늘에 걸려 있는 실 2가닥을 뺀다 (1코를 떴다)

4 2와 3을 반복한다

G 사진 p.11 크기 ··· 너비 32cm, 깊이 17.5cm, 바닥 폭 12cm

준비물

실 하마나카 루나 몰(1볼 50g) ··· 베이지 (1) 160g
바늘 양쪽코바늘(하마나카 아미아미 라쿠라쿠) ··· 6/0호 1개
게이지 짧은뜨기(10×10cm) ··· 15코 18단
무늬뜨기(10×10cm) ··· 15코 15단

뜨는 법

⊙ 실은 1겹으로 뜹니다.

1 바닥은 사슬뜨기 30코를 기초코로 만들어 짧은뜨기로 증감 없이 왕복해서 뜹니다.

2 이어서 본체는 바닥 둘레에 무늬뜨기, 짧은뜨기를 원형뜨기로 뜨고 실을 자릅니다.

3 입구와 손잡이는 지정 위치에 실을 연결해 짧은뜨기로 왕복합니다.

4 손잡이를 맞대어 휘감아 잇기로 연결하고 반으로 접어서 꿰맵니다.

5 입구 둘레에 짧은뜨기를 1단 뜹니다.

6 단춧고리와 뜨개볼을 떠서 지정 위치에 꿰매어 붙입니다.

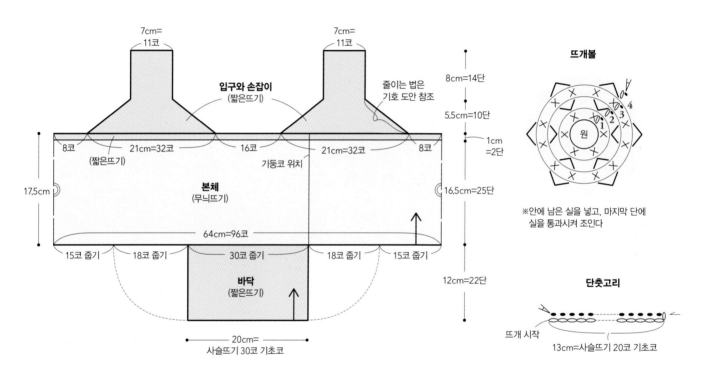

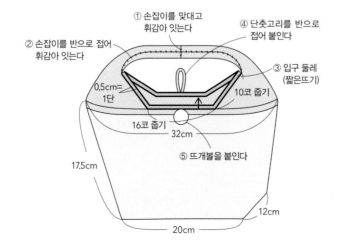

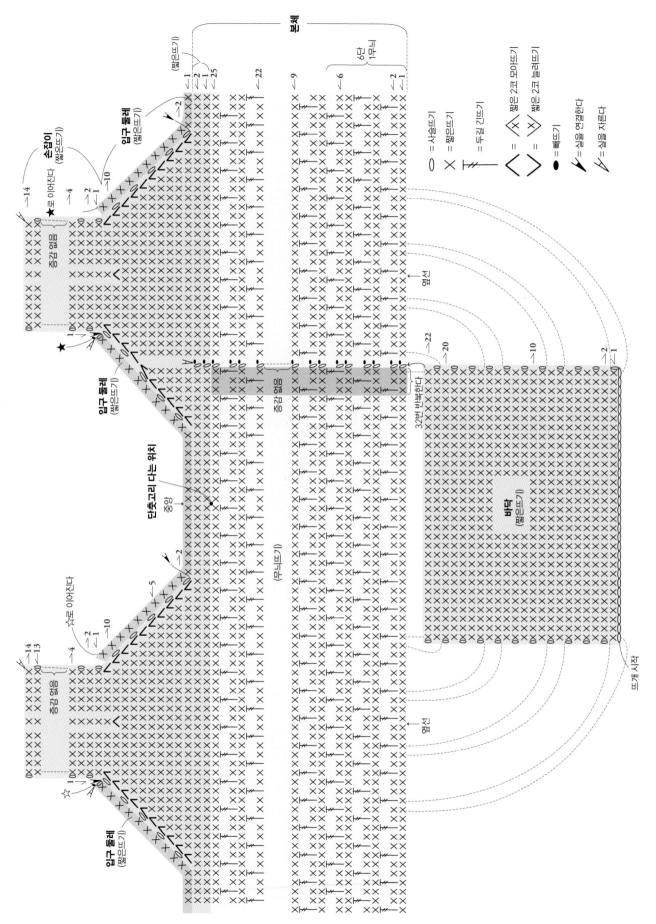

사진 p. **14·15** 크기 … 너비(본체) 38cm, 깊이 32.5cm, 바닥 폭 8cm

준비물

실 … 하마나카 엑시드 울 L '병태'(1볼 40g) … 블랙 (330) 300g,
오프화이트 (301) 250g

바늘 … 양쪽코바늘(하마나카 아미아미 라쿠라쿠) … 5/0호 1개

부재료 … 안감

게이지 … 무늬뜨기의 줄무늬 … 21코가 10cm, 1무늬(8단) 4.3cm
짧은뜨기의 줄무늬 … 17코가 8cm, 24단이 10cm

뜨는 법

⊙ 실은 1겹으로 뜹니다.

1 본체는 블랙으로 사슬뜨기 80코를 기초코로 만들어, 무늬뜨기의 줄무늬로 증감 없이 뜹니다.

2 옆면과 바닥, 손잡이는 각각 사슬뜨기 17코를 기초코로 만들어, 짧은뜨기의 줄무늬로 증감 없이 뜹니다.

3 본체, 옆면과 바닥을 겉이 바깥으로 나오게 겹치고, 본체 쪽에서 짧은뜨기 1단을 떠서 연결합니다.

4 손잡이를 본체의 안쪽에 꿰매어 붙입니다.

5 안감을 만들어 붙입니다.

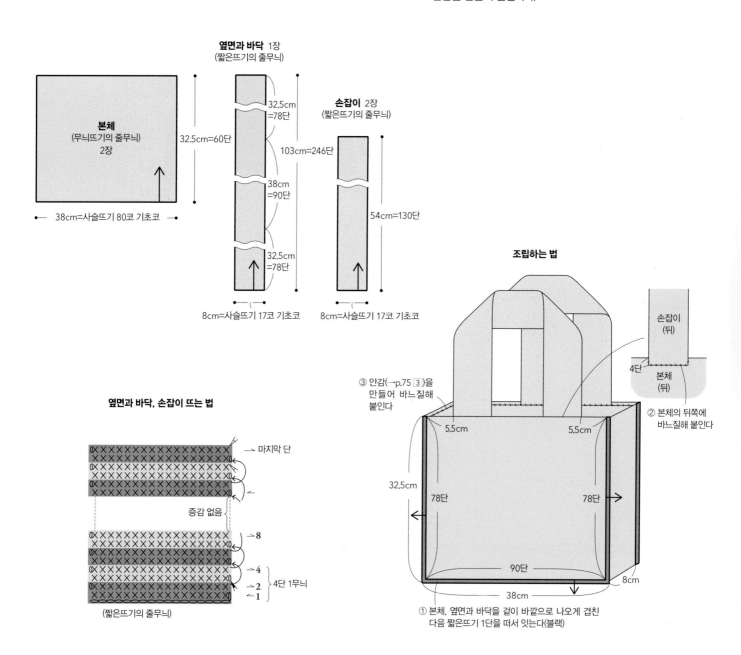

옆면과 바닥 1장
(짧은뜨기의 줄무늬)

손잡이 2장
(짧은뜨기의 줄무늬)

본체
(무늬뜨기의 줄무늬)
2장

32.5cm=60단

38cm=사슬뜨기 80코 기초코

32.5cm=78단
103cm=246단
38cm=90단
32.5cm=78단

8cm=사슬뜨기 17코 기초코

54cm=130단

8cm=사슬뜨기 17코 기초코

옆면과 바닥, 손잡이 뜨는 법

마지막 단
증감 없음
8
4
2
1
4단 1무늬
(짧은뜨기의 줄무늬)

조립하는 법

③ 안감(→p.75 ③)을 만들어 바느질해 붙인다

손잡이 (뒤)
4단
본체 (뒤)
② 본체의 뒤쪽에 바느질해 붙인다

5.5cm   5.5cm

32.5cm
78단   78단
90단
38cm
8cm

① 본체, 옆면과 바닥을 겉이 바깥으로 나오게 겹친 다음 짧은뜨기 1단을 떠서 잇는다(블랙)

46

본체 뜨는 법

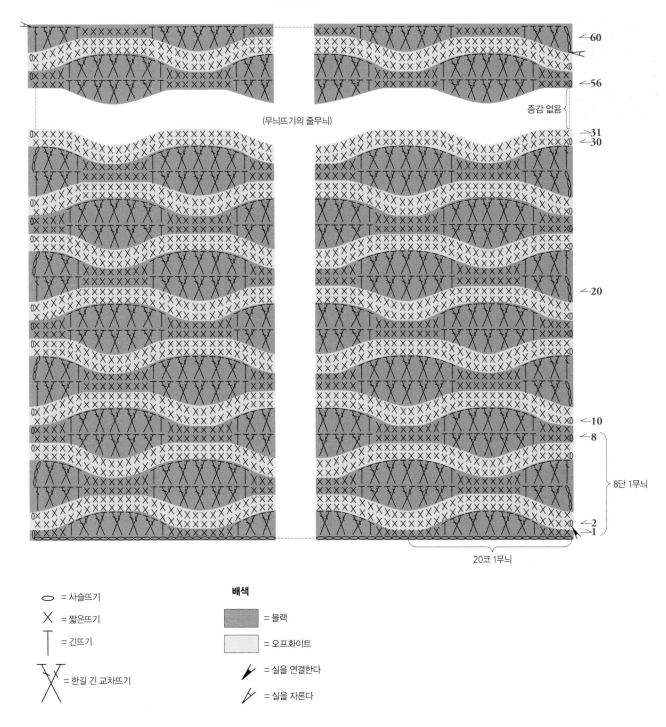

(무늬뜨기의 줄무늬)

증감 없음

←60

←56

←31
←30

←20

←10
←8

8단 1무늬

←2
←1

20코 1무늬

○ = 사슬뜨기

X = 짧은뜨기

T = 긴뜨기

 = 한길 긴 교차뜨기

배색

■ = 블랙

□ = 오프화이트

✎ = 실을 연결한다

✎ = 실을 자른다

한길 긴 교차뜨기

1

1코 앞의 코에 한길 긴뜨기를 뜨고, 바늘
에 실을 걸어서 그전 코에 넣는다

2

바늘에 실을 걸어 빼서 한길
긴뜨기를 뜬다

3

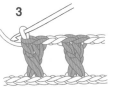

먼저 뜬 코를 나중에 뜨는
코로 감싸면서 뜬다

J 사진 p. 16·17

크기 … 너비 26cm, 깊이 18cm, 바닥 폭 9cm

준비물

실 하마나카 엑시드 울 L '병태'(1볼 40g) … 레드 (335) 190g,
블랙 (330) 35g, 오프화이트 (301) 35g

바늘 막힘대바늘(하마나카 아미아미) … 7호 2개
막힘대바늘(하마나카 아미아미) … 5호 2개
양쪽코바늘(라쿠라쿠) … 5/0호 1개

부재료 안감

게이지 무늬뜨기(10×10cm) … 24코 31단
짧은뜨기(10×10cm) … 18코 24단

뜨는 법

⊙ 실은 1겹으로, 지정하지 않은 부분은 레드 색상으로 뜹니다.

1 입구와 본체는 일반적인 기초코 만들기 방법으로 기초코를 만들어 고무뜨기와 무늬뜨기로 뜨고, 뜨개 끝은 전단과 같은 기호로 뜨면서 덮어씌웁니다.

2 손잡이는 사슬뜨기로 기초코를 만들어, 짧은뜨기로 줄무늬를 뜹니다.

3 끈은 사슬뜨기로 100코를 뜹니다.

4 조립하는 법의 번호 순서대로 조립해 완성합니다.

입구
(고무뜨기) 5호 대바늘

전단과 같은 기호로 덮어씌우기

84코로 줄인다 ┤ 5cm=18단

본체
(무늬뜨기)
7호 대바늘

62cm

52cm=160단

35cm=85코로 늘린다

┤ 5cm=18단

84코 기초코

입구
(고무뜨기) 5호 대바늘

손잡이 2줄
5/0호 코바늘

(짧은뜨기의 줄무늬)

36cm=86단

10cm
=사슬뜨기 18코 기초코

조립하는 법

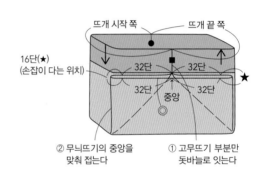

뜨개 시작 쪽   뜨개 끝 쪽

16단(★)
(손잡이 다는 위치)

32단   32단
32단   중앙   32단   ★

② 무늬뜨기의 중앙을 맞춰 접는다

① 고무뜨기 부분만 돗바늘로 잇는다

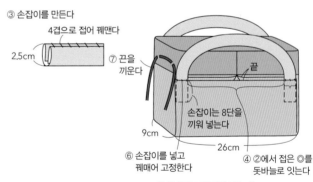

③ 손잡이를 만든다

4겹으로 접어 꿰맨다

2.5cm

⑦ 끈을 끼운다

끝

손잡이는 8단을 끼워 넣는다

9cm

26cm

⑥ 손잡이를 넣고 꿰매어 고정한다

④ ②에서 접은 ◎를 돗바늘로 잇는다

⑤ 반대쪽도 똑같이 접는데, 이때 안감 크기를 잰다

손잡이 뜨는 법

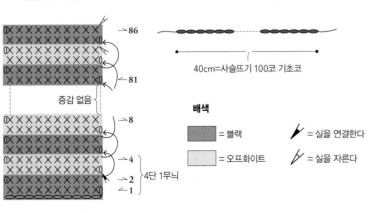

→86

←81

증감 없음

→8

←4
←2
←1

4단 1무늬

끈 2줄
(사슬뜨기) 5/0호 코바늘 레드

40cm=사슬뜨기 100코 기초코

배색

■ = 블랙
□ = 오프화이트

✖ = 실을 연결한다
✖ = 실을 자른다

⑨ 손잡이를 고무뜨기의 위쪽 끝까지 들어 올린 다음 꿰매어 고정한다

⑩ 끈을 묶는다

⑧ 안감(→p.75 ③)을 만들어 본체에 꿰매어 붙인다

18cm

실 끝을 1.5cm 남기고 자른다

9cm

26cm

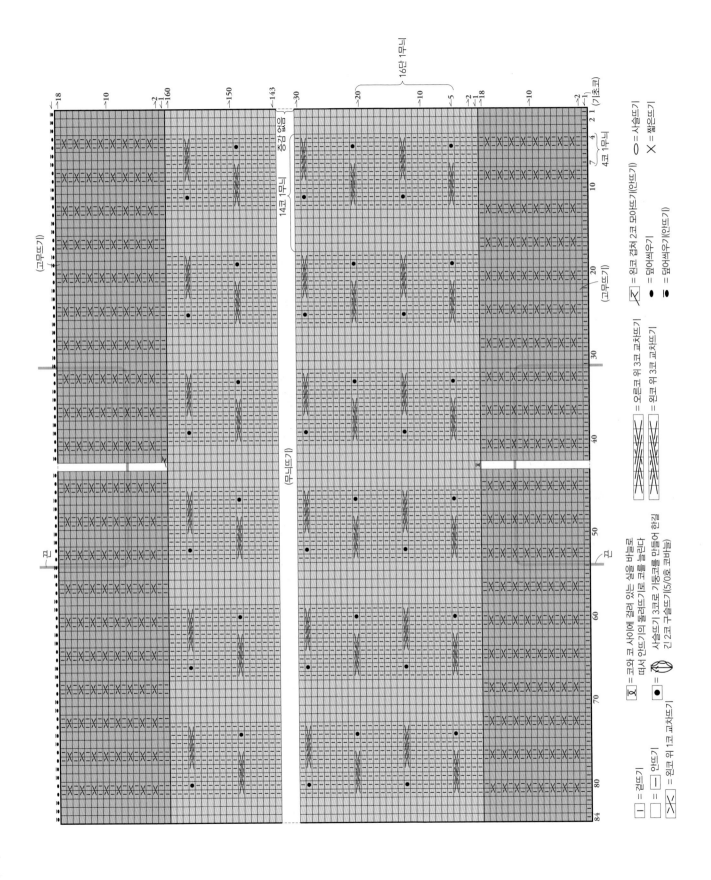

K 사진 p.18 크기 … 너비(입구) 25cm, 깊이 16cm, 바닥 폭 4cm

준비물

실 하마나카 아메리(1볼 40g) … 그레이 (22) 85g

바늘 막힘대바늘(하마나카 아미아미) … 5호 2개
양쪽코바늘(라쿠라쿠) … 4/0호 1개

게이지 메리야스뜨기(10×10cm) … 23.5코 32단

뜨는 법

⊙ 실은 1겹으로 뜹니다.

1 본체는 나중에 풀어내는 기초코를 만들어 메리야스뜨기, 무늬뜨기로 기호 도안과 같이 뜨고 뜨개 끝은 덮어씌워서 코막음합니다.

2 기초코를 풀어서 코를 줍고, 나머지 한쪽의 본체를 **1**과 똑같이 뜹니다.

3 입구는 이랑뜨기, 이어서 손잡이의 사슬뜨기 65코를 뜨고 입구에 빼뜨기를 뜬 다음 실을 자릅니다.

4 손잡이와 트임 부분에 이랑뜨기를 뜹니다.

5 옆선을 돗바늘로 잇고, 트임 끝부분을 휘감아 잇기로 꿰맵니다.

6 바닥의 모서리를 바느질해 바닥 폭을 만듭니다.

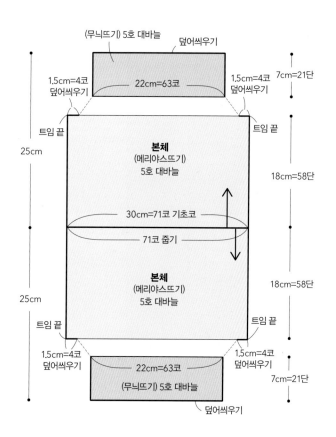

(무늬뜨기) 5호 대바늘

덮어씌우기

1.5cm=4코 덮어씌우기

22cm=63코

1.5cm=4코 덮어씌우기

7cm=21단

트임 끝

트임 끝

25cm

본체
(메리야스뜨기)
5호 대바늘

18cm=58단

30cm=71코 기초코

71코 줍기

본체
(메리야스뜨기)
5호 대바늘

18cm=58단

25cm

트임 끝

트임 끝

1.5cm=4코 덮어씌우기

22cm=63코

1.5cm=4코 덮어씌우기

7cm=21단

(무늬뜨기) 5호 대바늘

덮어씌우기

조립하는 법

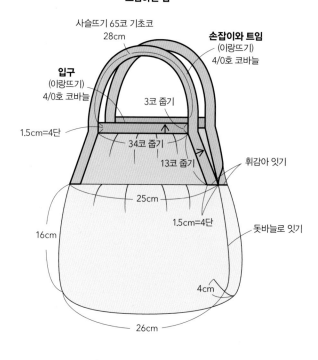

사슬뜨기 65코 기초코
28cm

손잡이와 트임
(이랑뜨기)
4/0호 코바늘

입구
(이랑뜨기)
4/0호 코바늘

3코 줍기

1.5cm=4단

34코 줍기

13코 줍기

휘감아 잇기

25cm

1.5cm=4단

16cm

돗바늘로 잇기

4cm

26cm

바닥 폭 만들기

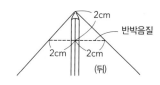

2cm

반박음질

2cm

2cm

2cm

(뒤)

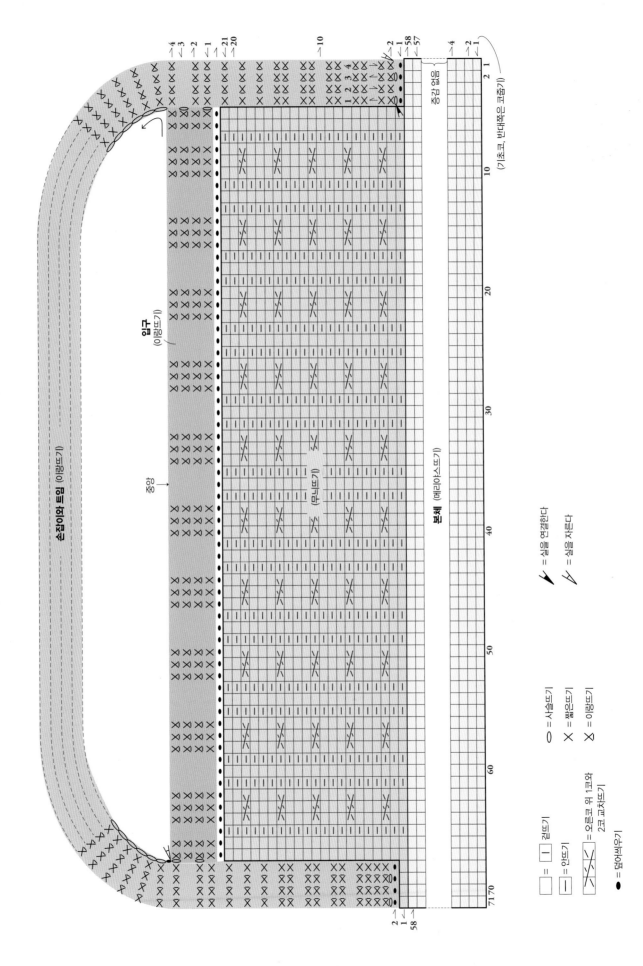

손잡이와 트임 (이랑뜨기)

입구
(이랑뜨기)

중앙 →

본체 (메리야스뜨기)
(무늬뜨기)

증감 없음

증감 없음

(기초코, 반대쪽은 코줍기)

= 겉뜨기

| = 인뜨기

= 오른코 위 1코와
2코 교차뜨기

● = 덮어씌우기

◯ = 사슬뜨기

X = 짧은뜨기

X = 이랑뜨기

= 실을 연결한다

= 실을 자른다

크기 ··· 너비 23.5cm, 깊이 25.5cm

준비물

실 하마나카 아란 트위드(1볼 40g) ··· 브라운 (8) 55g
하마나카 아메리(1볼 40g) ··· 옐로 오커 (41) 11g, 다크 레드
(6) 8g, 그레이시 옐로 (1) 7g, 포레스트 그린 (34) 7g, 시나몬
(50) 3g
바늘 막힘대바늘(하마나카 아미아미) ··· 9호 2개
양쪽코바늘(라쿠라쿠) ··· 7/0호 1개
게이지 무늬뜨기(10×10cm) ··· 19코 24단

뜨는 법

⊛ 실은 1겹, 지정한 실로 뜹니다.

1 본체는 나중에 풀어내는 기초코 만들기 방법으로 45코를 만들어,
배색무늬와 1코 고무뜨기로 증감 없이 뜨고 뜨개 끝은 전단과 같은
기호로 떠서 덮어씌웁니다. 빼뜨기로 세로줄을 만듭니다.

2 기초코를 풀어서 코를 줍고, 나머지 한쪽의 본체를 1과 똑같이
뜹니다.

3 옆선을 돗바늘로 잇습니다.

4 손잡이는 일반적인 기초코 만들기 방법으로 9코를 만들어 1코 고
무뜨기로 뜨고, 뜨개 끝은 덮어씌워 코막음합니다.

5 입구 안쪽에 손잡이를 답니다.

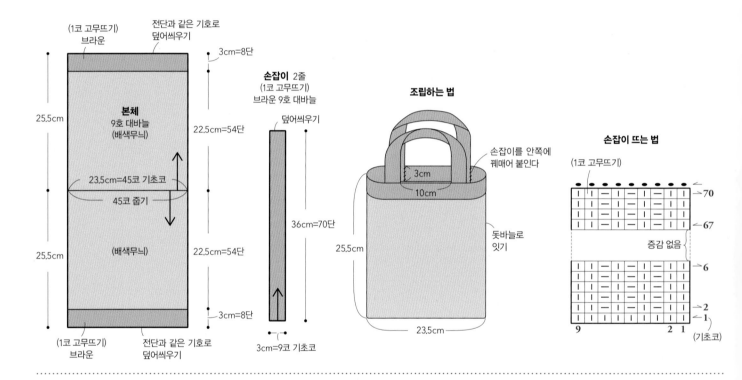

배색무늬 뜨는 법(뒤쪽으로 실을 걸치는 방법)

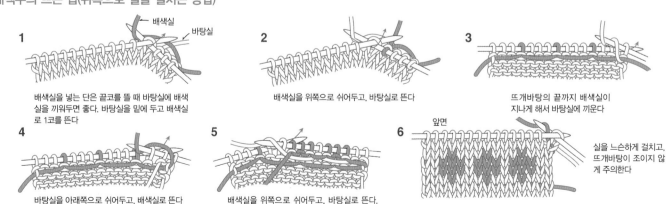

1 배색실을 넣는 단은 끝코를 뜰 때 바탕실에 배색
실을 끼워두면 좋다. 바탕실을 밑에 두고 배색실
로 1코를 뜬다

2 배색실을 위쪽으로 쉬어두고, 바탕실로 뜬다

3 뜨개바탕의 끝까지 배색실이
지나게 해서 바탕실에 끼운다

4 바탕실을 아래쪽으로 쉬어두고, 배색실로 뜬다

5 배색실을 위쪽으로 쉬어두고, 바탕실로 뜬다.
실을 걸칠 때는 항상 바탕실이 아래, 배색실이
위가 되게 한다

6 실을 느슨하게 걸치고,
뜨개바탕이 조이지 않
게 주의한다

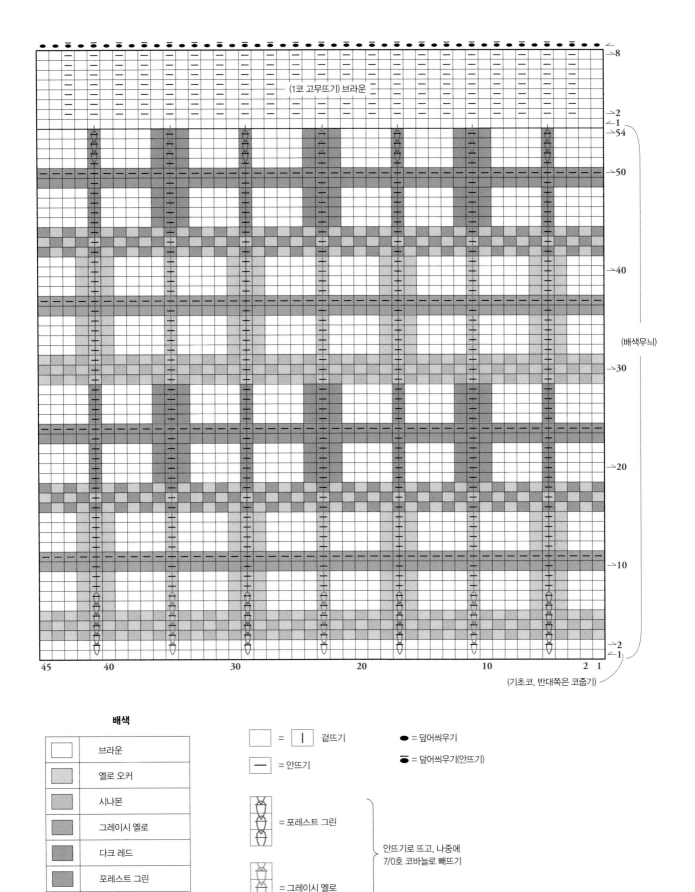

(1코 고무뜨기) 브라운

(배색무늬)

(기초코, 반대쪽은 코줍기)

배색

☐	브라운
▨	옐로 오커
▨	시나몬
▨	그레이시 옐로
▨	다크 레드
▨	포레스트 그린

☐ = | 겉뜨기

— = 안뜨기

● = 덮어씌우기

▬ = 덮어씌우기(안뜨기)

= 포레스트 그린

안뜨기로 뜨고, 나중에
7/0호 코바늘로 빼뜨기

= 그레이시 옐로

M

a

b

준비물

실	하마나카 루나 몰(1볼 50g) … **a.** 화이트 (11) 100g, **b.** 카멜 (14) 100g

하마나카 에코 안다리아(1볼 40g) … **a.** 그레이 (151) 40g, **b.** 블랙 (30) 40g

바늘　양쪽코바늘(하마나카 아미아미 라쿠라쿠) … 6/0호 1개

게이지　짧은뜨기(본체), 짧은뜨기의 배색무늬 A·B(10×10cm) … 18코 16단

뜨는 법

◉ 실은 1겹, 지정한 실로 뜹니다.

1 바닥은 실 끝으로 원을 만들어 짧은뜨기 8코를 뜹니다. 2번째 단부터는 표와 같이 코를 늘리면서 뜹니다.

2 이어서 본체를 짧은뜨기의 배색무늬A, 짧은뜨기로 입구의 끈 끼우는 구멍을 만들면서 증감 없이 원형뜨기로 뜨고 입구는 짧은뜨기의 배색무늬B로 뜹니다.

3 입구 끈과 어깨끈은 스레드 코드로 뜹니다.

4 입구 끈은 좌우 양쪽에서 끼워 넣고, 어깨끈은 안쪽에 꿰매어 붙입니다.

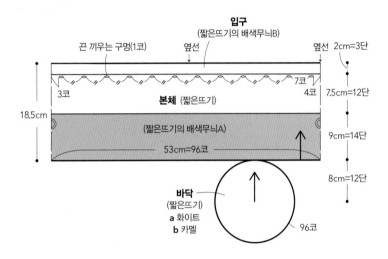

입구
(짧은뜨기의 배색무늬B)

끈 끼우는 구멍(1코)　옆선　옆선　2cm=3단

7코

3코　4코

본체 (짧은뜨기)　7.5cm=12단

18.5cm　(짧은뜨기의 배색무늬A)　9cm=14단

53cm=96코　8cm=12단

바닥
(짧은뜨기)
a 화이트
b 카멜　96코

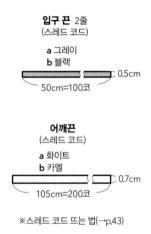

입구 끈 2줄
(스레드 코드)

a 그레이
b 블랙　0.5cm

50cm=100코

어깨끈
(스레드 코드)

a 화이트
b 카멜　0.7cm

105cm=200코

※스레드 코드 뜨는 법(→p.43)

[색깔 바꾸는 법]

단을 바꿀 때 색깔 바꾸기

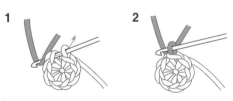

1　**2**

색깔을 바꾸기 바로 전 단에서 마지막으로 실을 뺄 때 새로운 실로 바꿔서 뜬다

배색무늬 뜨는 법(걸치는 실을 감싸서 뜨기)

1

쉬어두는 실을 같이 감싸면서 뜬다

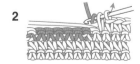

2

실을 바꾸려면 바로 전 코를 뺄 때 배색실과 바탕실을 바꾼다

조립하는 법

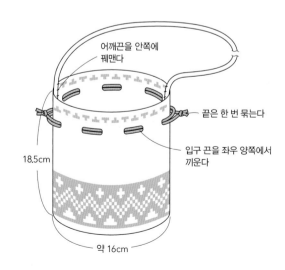

어깨끈을 안쪽에 꿰맨다

끝은 한 번 묶는다

18.5cm

입구 끈을 좌우 양쪽에서 끼운다

약 16cm

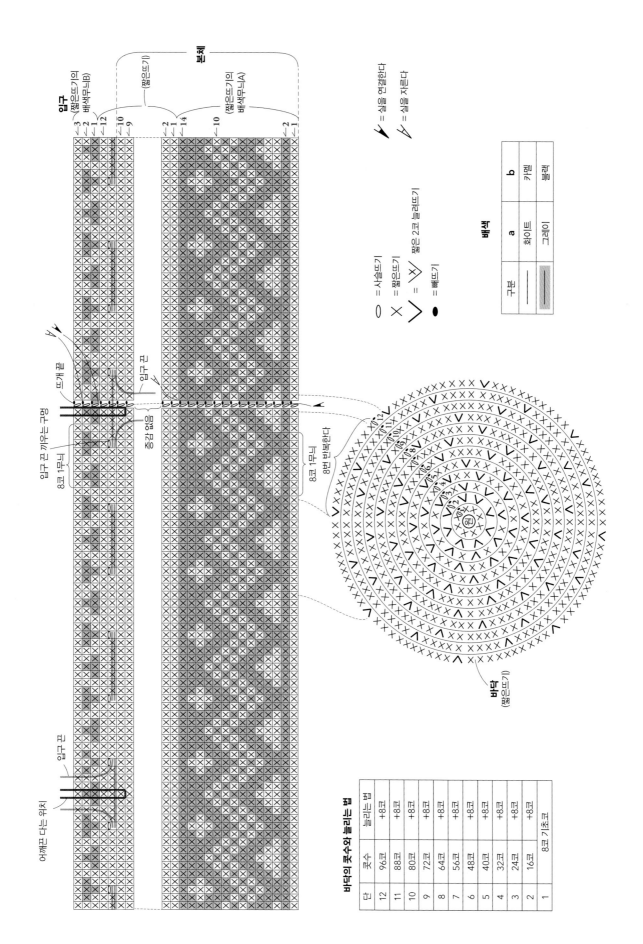

N 사진 p. 22

크기 … 너비(입구) 20cm, 깊이 24cm, 바닥 지름 12cm

준비물

실 하마나카 소노모노 루프(1볼 40g) … 샌드 베이지 (52) 150g

하마나카 소노모노 알파카 울(1볼 40g) … 짙은 갈색 (43) 40g

바늘 양쪽코바늘(하마나카 아미아미 라쿠라쿠) … 8/0호 1개

양쪽코바늘(하마나카 아미아미 라쿠라쿠) … 7/0호 1개

부재료 가죽 손잡이(폭 1cm×길이 40cm) … 1세트

하마나카 원형 자석 단추(18mm/앤티크/H206-041-3) … 1세트

게이지 짧은뜨기의 링뜨기(10×10cm) … 9코 10단

짧은뜨기(입구) … 16코가 10cm, 12단이 6cm

뜨는 법

⊙ 실은 1겹, 지정한 실과 바늘로 뜹니다.

1 바닥은 실 끝으로 원을 만들어 짧은뜨기 8코를 뜹니다. 2번째 단부터는 표와 같이 코를 늘리면서 뜹니다.

2 이어서 본체의 1번째 단은 짧은뜨기, 2번째 단부터는 뜨는 방향을 반대로 바꿔 뒷면을 보면서 짧은뜨기의 링뜨기로 21번째 단까지 증감 없이 원형뜨기로 뜹니다. 입구는 짧은뜨기(7번째 단만 짧은뜨기의 줄기뜨기)로 뜨는 방향을 번갈아 바꾸면서 뜹니다.

3 자석 단추를 답니다.

4 입구를 접는 선에서 안쪽으로 접어 꿰맵니다.

5 손잡이를 답니다.

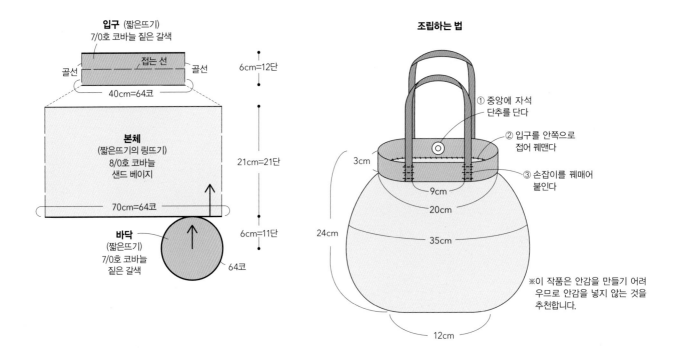

입구 (짧은뜨기)
7/0호 코바늘 짙은 갈색

접는 선

골선   골선

40cm=64코

6cm=12단

본체
(짧은뜨기의 링뜨기)
8/0호 코바늘
샌드 베이지

21cm=21단

70cm=64코

바닥
(짧은뜨기)
7/0호 코바늘
짙은 갈색

64코

6cm=11단

조립하는 법

① 중앙에 자석 단추를 단다

② 입구를 안쪽으로 접어 꿰맨다

③ 손잡이를 꿰매어 붙인다

3cm

9cm

20cm

24cm

35cm

12cm

※이 작품은 안감을 만들기 어려우므로 안감을 넣지 않는 것을 추천합니다.

짧은뜨기의 링뜨기

1

사슬 1코

사슬 1코로 기둥코를 만들고, 왼손 가운뎃손가락에 실을 걸어서 뜨개바탕 뒤쪽으로 내린다

2

링의 길이

실과 뜨개바탕을 함께 잡아서 링의 길이를 정한다

3

실을 잡은 상태에서 화살표와 같이 전단의 머리에 바늘을 넣고, 실을 걸어서 뺀다

4

바늘에 실을 걸고, 코가 늘어지지 않게 주의하면서 짧은뜨기와 같은 방법으로 실을 뺀다

5

뜨개바탕의 뒤쪽에 링이 생겼다

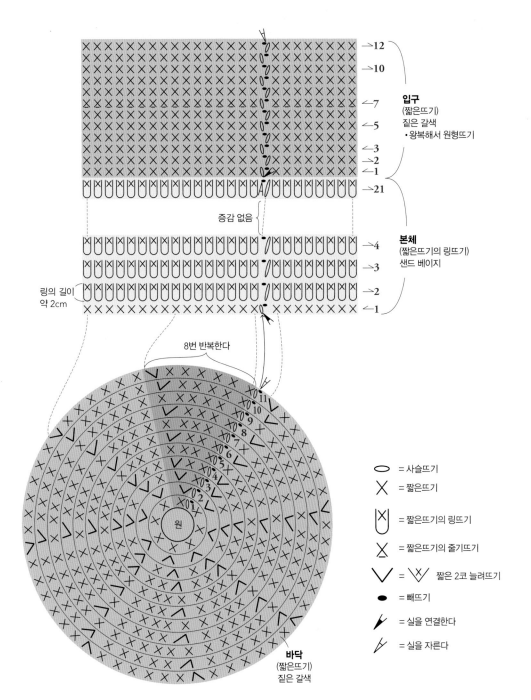

→12
→10
←7
←5
←3
←2
←1
→21

입구
(짧은뜨기)
짙은 갈색
• 왕복해서 원형뜨기

증감 없음

→4
→3

본체
(짧은뜨기의 링뜨기)
샌드 베이지

링의 길이
약 2cm

→2
←1

8번 반복한다

바닥의 콧수와 늘리는 법

단	콧수	늘리는 법
11	64코	+8코
10	56코	+8코
9	48코	증감 없음
8	48코	+8코
7	40코	증감 없음
6	40코	+8코
5	32코	증감 없음
4	32코	+8코
3	24코	+8코
2	16코	+8코
1	8코 기초코	

바닥
(짧은뜨기)
짙은 갈색

⬭ = 사슬뜨기

✕ = 짧은뜨기

⊠ = 짧은뜨기의 링뜨기

✕ = 짧은뜨기의 줄기뜨기

∨ = 짧은 2코 늘려뜨기

● = 빼뜨기

⤢ = 실을 연결한다

⤡ = 실을 자른다

O 사진 p. 23   크기 ··· 너비 20cm, 깊이 23cm, 바닥 폭 2cm

준비물

실   하마나카 루나 몰(1볼 50g) ··· 블루 (13) 95g
바늘   양쪽코바늘(하마나카 아미아미 라쿠라쿠) ··· 7/0호 1개
게이지   무늬뜨기(10×10cm) ··· 1무늬 7.5단

뜨는 법

◉ 실은 1겹으로 뜹니다.

1 바닥은 사슬뜨기 32코를 기초코로 만들어, 한길 긴뜨기로 도안과 같이 뜹니다.

2 이어서 본체를 무늬뜨기로 증감 없이 원형뜨기로 뜨고, 가장자리 뜨기를 합니다.

3 손잡이는 사슬뜨기 43코를 기초코로 만들어 짧은뜨기를 합니다.

4 본체 안쪽에 손잡이를 답니다.

뜨는 법

1 1번째 단. 사슬뜨기를 1코 뜨고, 바늘에 실을 걸어서 1코 전의 한길 긴뜨기의 머리(1코 전이 기둥코라면 기둥코의 3번째 코)에 바늘을 넣어 실을 뺀다.

2 미완성의 긴뜨기를 2코 뜬다.

3 바늘에 실을 걸고, 화살표와 같이 2코 건너뛰고 바늘을 넣어 미완성의 긴뜨기 3코를 뜬다.

4 같은 요령으로 2코 건너뛰고 미완성의 긴뜨기를 3코 뜨고, 화살표와 같이 바늘에 실을 걸어서 한 번에 뺀다.

5 뺐다. 다시 한번 바늘에 실을 걸어서 사슬뜨기 1코를 뜬다.

6 다시 사슬뜨기 1코를 기둥코로 뜨고, 화살표와 같이 바늘을 넣어 긴 2코 구슬뜨기를 뜬다.

7 바늘에 실을 걸고 화살표와 같이 바늘을 넣어 한길 긴뜨기를 뜬다.

8 한길 긴뜨기를 떴다. 계속해서 기호 도안을 따라 진행한다.

9 2번째 단. 5의 사슬뜨기 코에 바늘을 넣고 긴 3코 구슬뜨기, 사슬뜨기 2코, 긴 3코 구슬뜨기를 뜬다.

10 연속해서 무늬를 뜬 모습.

58

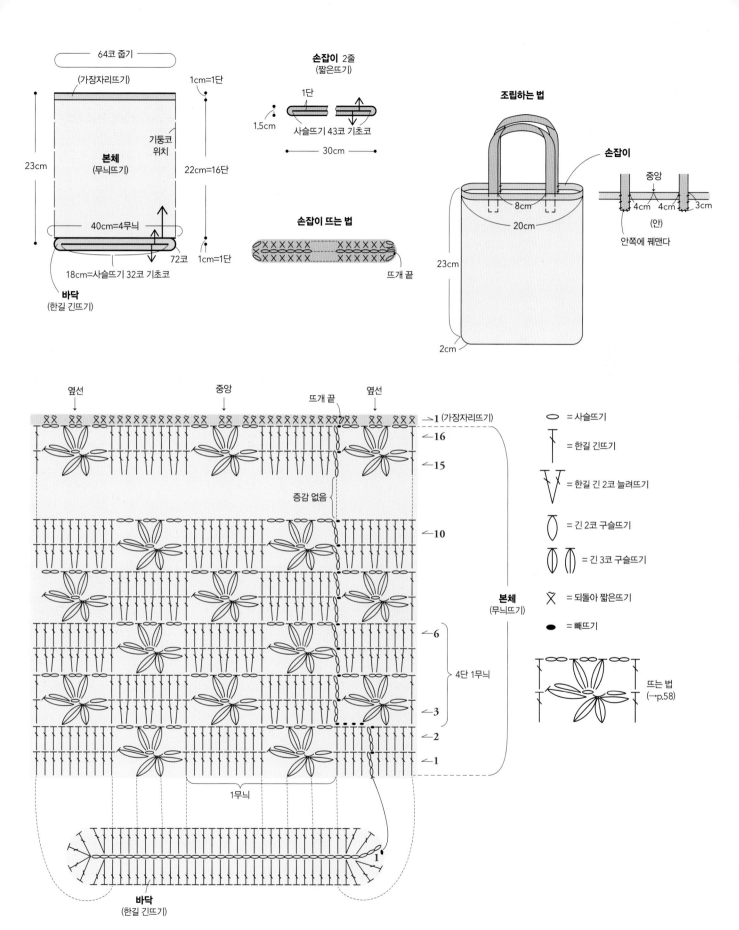

64코 줍기

(가장자리뜨기)

본체
(무늬뜨기)

1cm=1단

기둥코
위치

23cm

22cm=16단

40cm=4무늬

72코

1cm=1단

18cm=사슬뜨기 32코 기초코

바닥
(한길 긴뜨기)

손잡이 2줄
(짧은뜨기)

1단

1.5cm

사슬뜨기 43코 기초코

30cm

손잡이 뜨는 법

뜨개 끝

조립하는 법

손잡이

중앙

8cm

20cm

23cm

2cm

4cm 4cm 3cm

(안)

안쪽에 꿰맨다

옆선   중앙   뜨개 끝   옆선

1 (가장자리뜨기)

16

15

증감 없음

10

6

4단 1무늬

3

2

1

본체
(무늬뜨기)

1무늬

바닥
(한길 긴뜨기)

= 사슬뜨기

= 한길 긴뜨기

= 한길 긴 2코 늘려뜨기

= 긴 2코 구슬뜨기

= 긴 3코 구슬뜨기

= 되돌아 짧은뜨기

= 빼뜨기

뜨는 법
(→p.58)

P

사진 p. **24·25**   크기 … 너비(입구) 약 26cm, 깊이 약 19.5cm

준비물

실   하마나카 아메리(1볼 40g) … 내추럴 화이트 (20) 160g
바늘   양쪽코바늘(하마나카 아미아미 라쿠라쿠) … 5/0호 1개
모티브 사각형(7.5cm)

뜨는 법

⊙ 실은 1겹으로 뜹니다.

1 본체의 모티브는 실 끝으로 원을 만들어 도안과 같이 뜹니다. 2번째 장부터는 마지막 단에서 빼뜨기로 이으며 진행합니다.

2 손잡이의 사슬뜨기 60코를 기초코로 만들고, 이어서 입구와 손잡이 안쪽 둘레를 가장자리뜨기로 뜹니다.

3 입구와 손잡이 바깥쪽 둘레를 가장자리뜨기로 뜹니다.

모티브

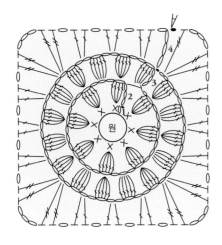

◯ = 사슬뜨기	✕ = 이랑뜨기
✕ = 짧은뜨기	☕ = 이랑뜨기처럼 전단 머리의 뒤쪽 실 1가닥을 떠서 빼뜨기한다
T = 긴뜨기	
⊤ = 한길 긴뜨기	⟋ = 실을 연결한다
	⟍ = 실을 자른다
⫤ = 두길 긴뜨기	
⬬ = 빼뜨기	

= 한길 긴 5코 팝콘뜨기

본체
(모티브 연결) 24장

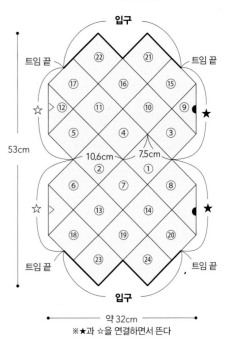

입구

트임 끝   트임 끝

53cm

10.6cm   7.5cm

약 32cm
※★과 ☆을 연결하면서 뜬다

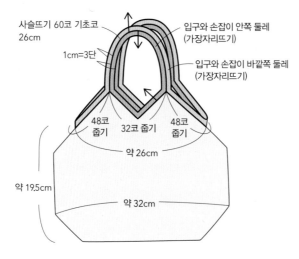

사슬뜨기 60코 기초코
26cm

입구와 손잡이 안쪽 둘레
(가장자리뜨기)

1cm=3단

입구와 손잡이 바깥쪽 둘레
(가장자리뜨기)

48코
줍기   32코 줍기   48코
줍기

약 26cm

약 19.5cm

약 32cm

**한길 긴 5코
팝콘뜨기**

1

같은 코에 한길 긴뜨기를 5코 뜬다

2
바늘을 빼고, 화살표와 같이 1번째 코에 다시 넣는다

3

화살표와 같이 코를 뺀다

4

바늘에 실을 걸고, 사슬뜨기의 요령으로 1코를 뜬다. 이 코가 머리가 된다

사슬 3코

모티브 연결하는 법

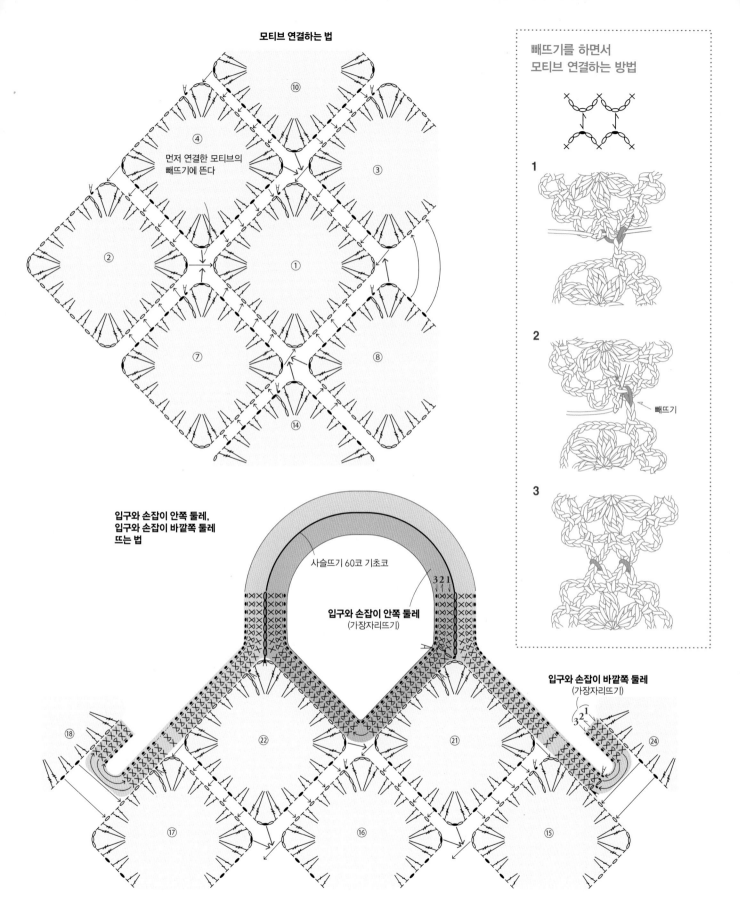

빼뜨기를 하면서
모티브 연결하는 방법

1

2

빼뜨기

3

먼저 연결한 모티브의
빼뜨기에 뜬다

④ ⑩ ③

② ①

⑦ ⑧

⑭

입구와 손잡이 안쪽 둘레,
입구와 손잡이 바깥쪽 둘레
뜨는 법

사슬뜨기 60코 기초코

3 2 1

입구와 손잡이 안쪽 둘레
(가장자리뜨기)

입구와 손잡이 바깥쪽 둘레
(가장자리뜨기)

3 2 1

⑱ ㉒ ㉑ ㉔

⑰ ⑯ ⑮

Q 사진 p. 26·27 크기 ··· 너비(입구) 18cm, 깊이 19cm

준비물

실 하마나카 루나 몰(1볼 50g) ··· 베이지 (1) 85g, 차콜 그레이
(15) 75g, 브라운 (3) 50g

바늘 양쪽코바늘(하마나카 아미아미 라쿠라쿠) ··· 7/0호 1개

부재료 하마나카 떠서 붙이는 프레임(가로 약 18cm×세로 약 9cm/앤티
크: H207-019-4)
안감

게이지 짧은뜨기 ··· 17코가 10cm, 8단이 4.5cm
무늬뜨기의 줄무늬 ··· 17코가 10cm, 4단(1무늬)이 4.8cm

뜨는 법

◉ 실은 손잡이를 제외하고 전부 1겹으로 뜹니다.

1 바닥은 사슬뜨기 42코를 기초코로 만들어, 짧은뜨기로 표와 같이
코를 늘리면서 원형뜨기합니다.

2 이어서 본체를 무늬뜨기의 줄무늬로 왕복해서 원형뜨기를 하고,
프레임에 떠서 붙입니다.

3 손잡이를 새우뜨기해서 프레임에 붙입니다.

4 안감을 만들어서 넣고, 입구에 꿰매어 고정합니다.

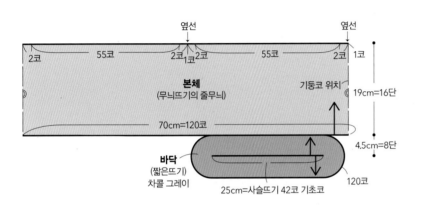

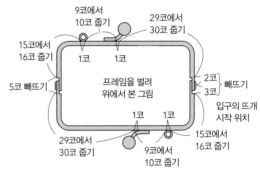

입구의 코 줍는 법

프레임을 떠서 붙이는 법

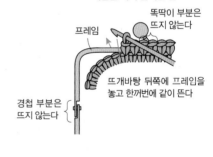

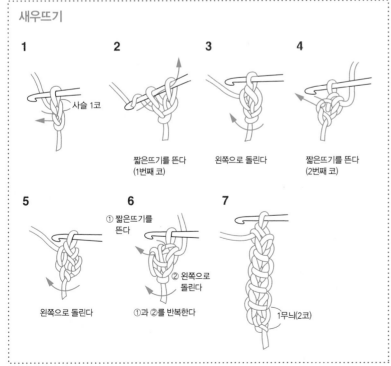

새우뜨기

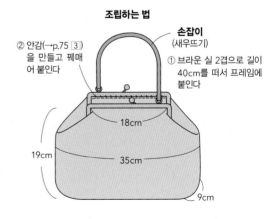

조립하는 법

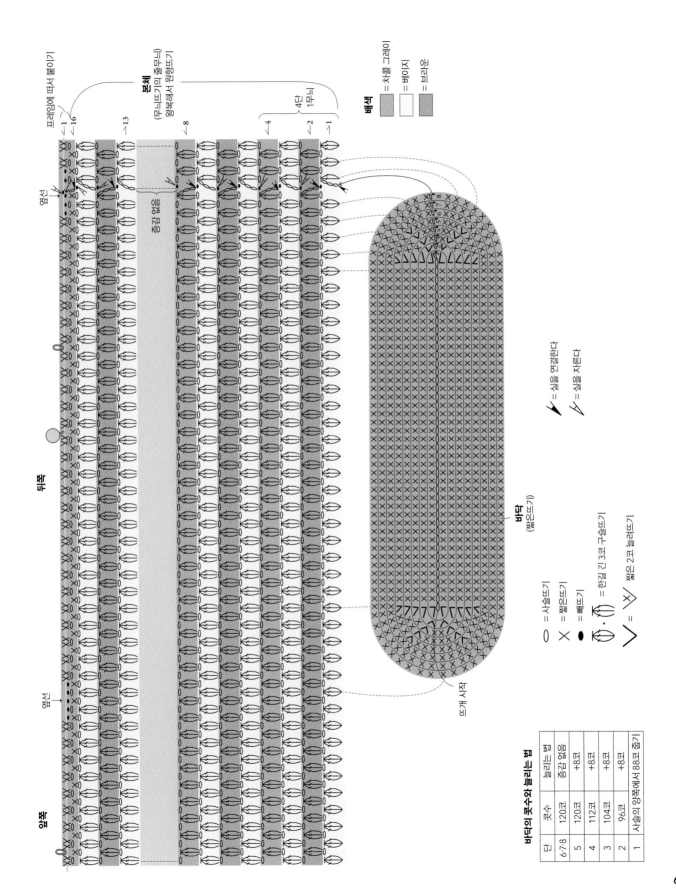

뒤쪽

앞쪽

프레임에 따서 붙이기

본체
(무늬뜨기의 줄무늬)
왕복해서 원형뜨기

←1
←16

←13

←8

←4

←2

←1

4단
1무늬

옆선

옆선

증감 없음

배색

■ = 차콜 그레이
□ = 베이지
■ = 브라운

바닥
(짧은뜨기)

뜨개 시작

◯ = 사슬뜨기
╳ = 짧은뜨기
● = 빼뜨기
⌃⌃ = 한길 긴 3코 구슬뜨기
∨ ⤬ = 짧은 2코 늘려뜨기

⟋ = 실을 연결한다
⟍ = 실을 자른다

바닥의 콧수와 늘리는 법

단	콧수	늘리는 법
6·7·8	120코	증감 없음
5	120코	+8코
4	112코	+8코
3	104코	+8코
2	96코	+8코
1	사슬의 양쪽에서 88코 줍기	

크기 ··· 너비(입구) 27cm, 깊이 약 28.5cm

모티브 A
20장

준비물

실	하마나카 아메리 F '합태'(1볼 30g) ··· 블랙 (524) 140g, 그레이 (523) 35g, 크림슨 레드 (508) 10g
바늘	양쪽코바늘(하마나카 아미아미 라쿠라쿠) ··· 4/0 호 1개
모티브	A(한 변이 5.2cm인 육각형) B(한 변이 5.2cm인 칠각형)

뜨는 법

⊙ 실은 1겹, 지정한 실로 뜹니다.

1 본체의 모티브 A·B는 실 끝으로 원을 만들어 1번째에서 5번째 단까지 뜹니다. 2번째 장부터는 빼뜨기로 연결하면서 총 22장을 뜹니다.

2 6·7번째 단은 지정한 단에 뜹니다.

3 입구 '중앙'은 짧은뜨기, 이어서 손잡이의 사슬뜨기 80코를 뜹니다.

4 입구 '옆'과 손잡이를 연속해서 짧은뜨기로 뜨고, 반으로 접어 꿰맵니다.

○	= 사슬뜨기
✕	= 짧은뜨기
✕	= 짧은 뒤걸어뜨기
T	= 긴뜨기
⊤	= 한길 긴뜨기
⫪	= 두길 긴뜨기
●	= 빼뜨기
/	= 실을 연결한다
/	= 실을 자른다

모티브 A · B 배색

단	색
7단	블랙
6단	그레이
3·4·5단	블랙
1·2단	크림슨 레드

모티브 B
2장

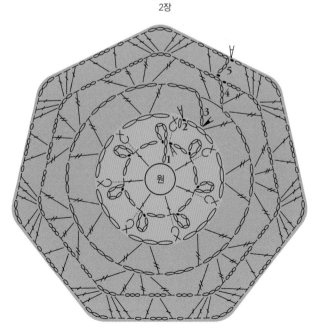

※6·7번째 단은 A와 같은 요령(그레이)으로 뜬다

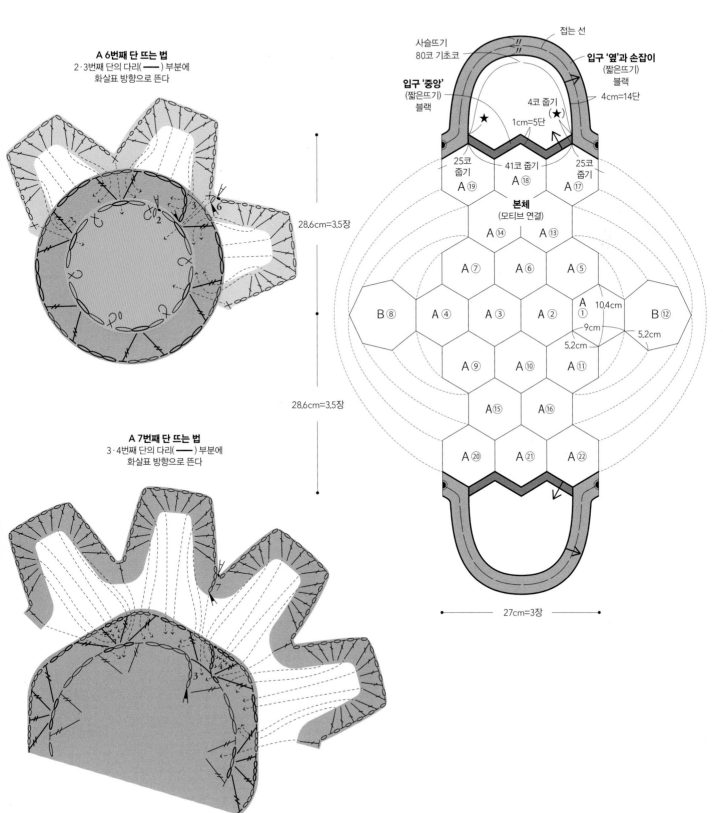

A 6번째 단 뜨는 법
2·3번째 단의 다리(——) 부분에
화살표 방향으로 뜬다

28.6cm=3.5장

28.6cm=3.5장

A 7번째 단 뜨는 법
3·4번째 단의 다리(——) 부분에
화살표 방향으로 뜬다

접는 선

사슬뜨기
80코 기초코

입구 '옆'과 손잡이
(짧은뜨기)
블랙

입구 '중앙'
(짧은뜨기)
블랙

4코 줍기
(★)

★

1cm=5단

4cm=14단

25코
줍기

41코 줍기

25코
줍기

A ⑲   A ⑱   A ⑰

본체
(모티브 연결)

A ⑭   A ⑬

A ⑦   A ⑥   A ⑤

B ⑧   A ④   A ③   A ②   A ①   10.4cm   B ⑫

9cm

5.2cm

5.2cm

A ⑨   A ⑩   A ⑪

A ⑮   A ⑯

A ⑳   A ㉑   A ㉒

27cm=3장

모티브 연결하는 법
(→p.61)

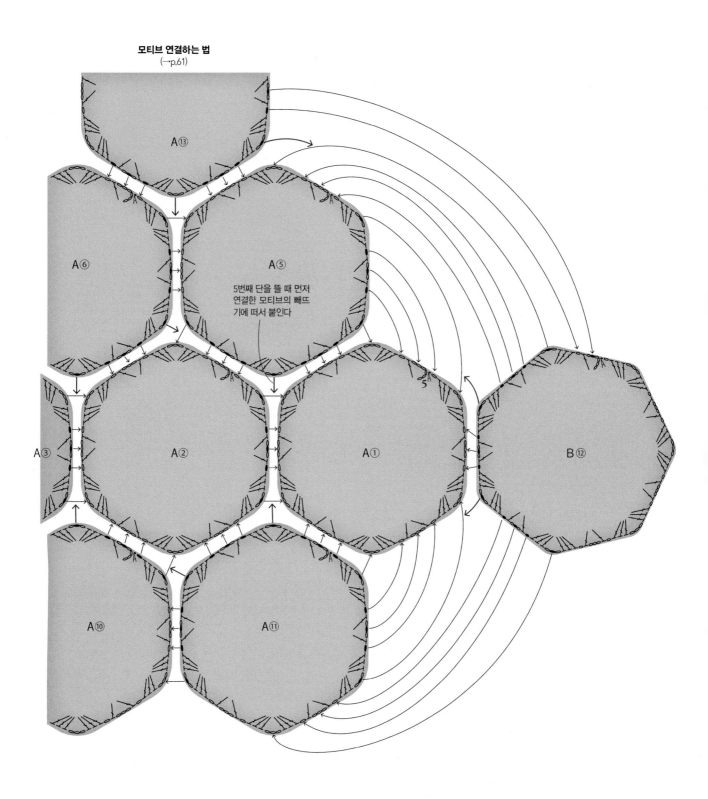

A⑬

A⑥

A⑤

5번째 단을 뜰 때 먼저
연결한 모티브의 빼뜨
기에 떠서 붙인다

A③

A②

A①

B⑫

A⑩

A⑪

입구 '종앙', 입구 '옆'과 손잡이의 1번째 단 뜨는 법

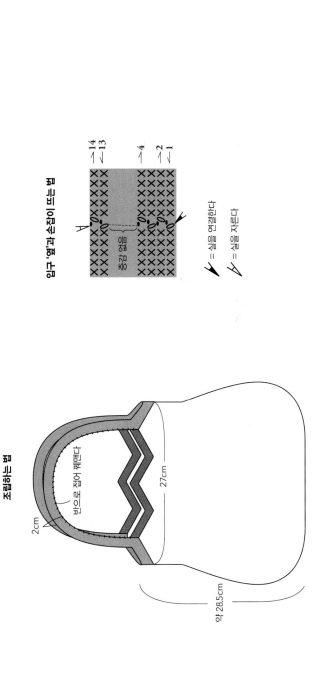

입구 '옆'과 손잡이이의 1번째 단
(2번째 단 이후는 별도의 도안 참조)

옆선

입구 '종앙'
(짧은뜨기)

중앙

A ⑰

A ⑱

A ⑲

A ⑳

A ㉒

옆선

입구 '종앙'
(짧은뜨기)

입구 '옆'과 손잡이 뜨는 법

14
13

4

2
1

중감 없음

＝ 실을 연결한다

＝ 실을 자른다

조립하는 법

반으로 접어 꿰맨다

2cm

27cm

약 28.5cm

S 사진 p.29   크기 … 너비(바닥) 32cm, 깊이 20cm

준비물

실	하마나카 소노모노 알파카 울 '병태'(1볼 40g) … 그레이 (64) 180g
바늘	막힘대바늘(하마나카 아미아미) … 8호 2개
	막힘대바늘(하마나카 아미아미) … 5호 2개
부재료	대나무 원형 핸들(지름 15cm×굵기 10mm) … 1세트
	안감
게이지	무늬뜨기(10×10cm) … 27코 29단

뜨는 법

⊙ 실은 1겹으로 뜹니다.

1 나중에 풀어내는 기초코 만들기 방법으로 86코를 만들어 본체를 무늬뜨기, 입구를 2코 고무뜨기로 뜨고 뜨개 끝은 덮어씌웁니다.

2 기초코를 풀어 코를 줍고, 나머지 한쪽의 본체와 입구를 **1**과 똑같이 뜹니다.

3 조립하는 법의 번호 순서대로 만들어 완성합니다.

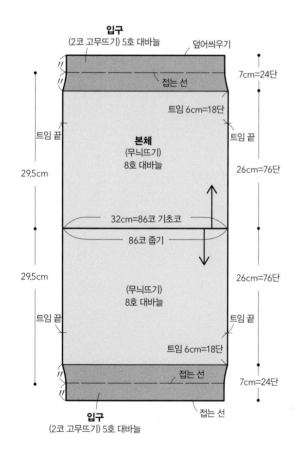

입구
(2코 고무뜨기) 5호 대바늘   덮어씌우기

접는 선   7cm=24단

트임 6cm=18단

트임 끝   트임 끝

본체
(무늬뜨기)
8호 대바늘

29.5cm   26cm=76단

32cm=86코 기초코

86코 줍기

(무늬뜨기)
8호 대바늘

29.5cm   26cm=76단

트임 끝   트임 끝

트임 6cm=18단

접는 선   7cm=24단

접는 선

입구
(2코 고무뜨기) 5호 대바늘

조립하는 법

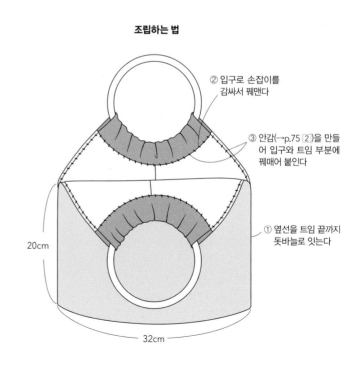

② 입구로 손잡이를 감싸서 꿰맨다

③ 안감(→p.75 ②)을 만들어 입구와 트임 부분에 꿰매어 붙인다

① 옆선을 트임 끝까지 돗바늘로 잇는다

20cm

32cm

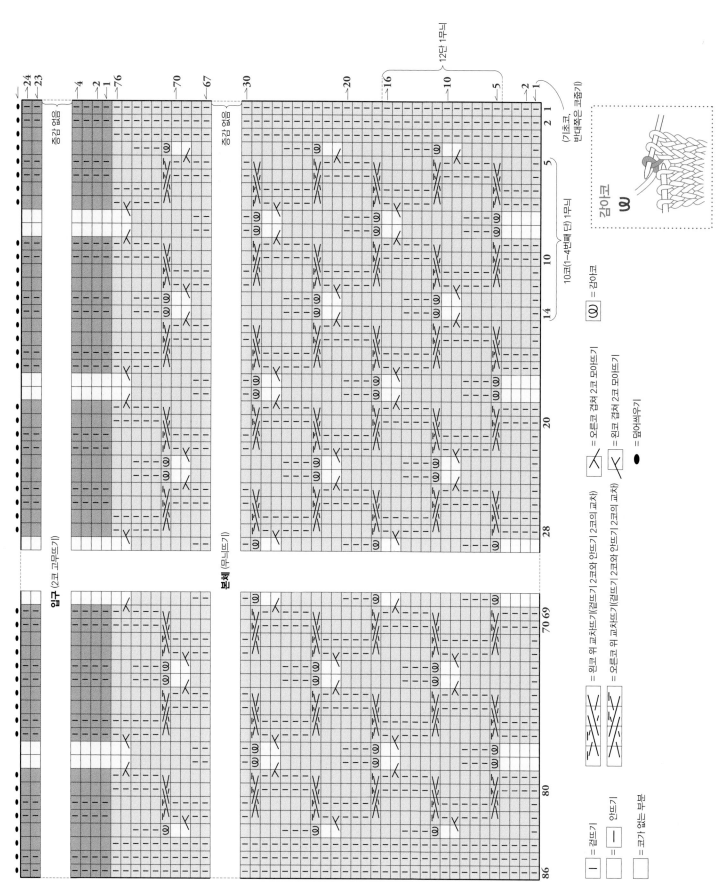

69

T 사진 p.30 · 크기 ··· 너비 30cm, 깊이 20cm

준비물

실 · 하마나카 아란 트위드(1볼 40g) ··· 브라운 (2) 80g

바늘 · 막힘대바늘(하마나카 아미아미) ··· 8호 2개

양쪽코바늘(라쿠라쿠) ··· 8/0호 1개

부재료 · 지퍼(길이 30cm) ··· 1줄

가죽 어깨끈(폭 1.5cm×길이 105–125cm/연결 고리 포함) ··· 1줄

안감

게이지 · 무늬뜨기(10×10cm) ··· 20코 24단

뜨는 법

◉ 실은 1겹으로 뜹니다.

1 본체는 일반적인 기초코 60코를 만들어 2코 고무뜨기, 무늬뜨기로 증감 없이 뜨고, 뜨개 끝은 전단과 같은 기호로 떠서 덮어씌웁니다.

2 뜨개볼은 실 끝으로 원을 만들어 짧은뜨기 6코를 뜹니다. 2번째 단부터는 기호 도안과 같이 콧수를 늘리고 줄이면서 뜹니다.

3 조립하는 법의 번호 순서대로 만들어 완성합니다.

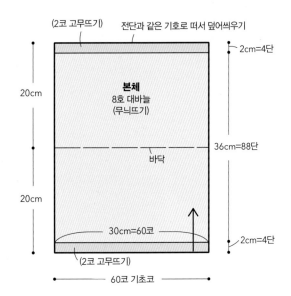

(2코 고무뜨기)　전단과 같은 기호로 떠서 덮어씌우기

2cm=4단

본체
8호 대바늘
(무늬뜨기)

20cm

바닥

36cm=88단

20cm

30cm=60코

2cm=4단

(2코 고무뜨기)

60코 기초코

끈 A
(사슬뜨기) 8/0호 코바늘

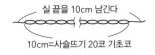

실 끝을 10cm 남긴다

10cm=사슬뜨기 20코 기초코

끈 B 2줄
(스레드 코드) 8/0호 코바늘

1cm

5cm=8코

※스레드 코드(→p.43)

조립하는 법

② 안감(→p.74 1)을 만들어 지퍼에 붙인다

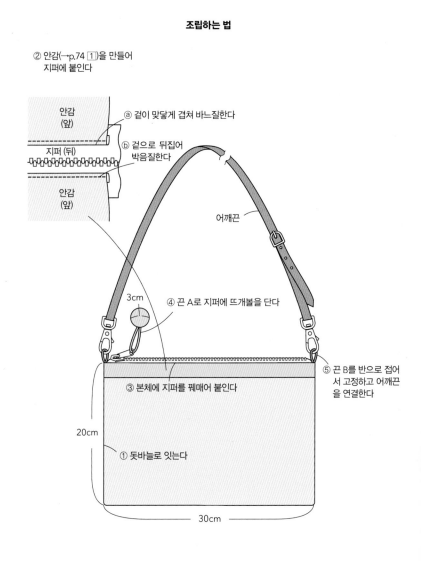

안감
(앞)

ⓐ 겉이 맞닿게 겹쳐 바느질한다

지퍼 (뒤)

ⓑ 겉으로 뒤집어 박음질한다

안감
(앞)

어깨끈

3cm

④ 끈 A로 지퍼에 뜨개볼을 단다

③ 본체에 지퍼를 꿰매어 붙인다

⑤ 끈 B를 반으로 접어서 고정하고 어깨끈을 연결한다

20cm

① 돗바늘로 잇는다

30cm

본체의 뜨개 기호 도안

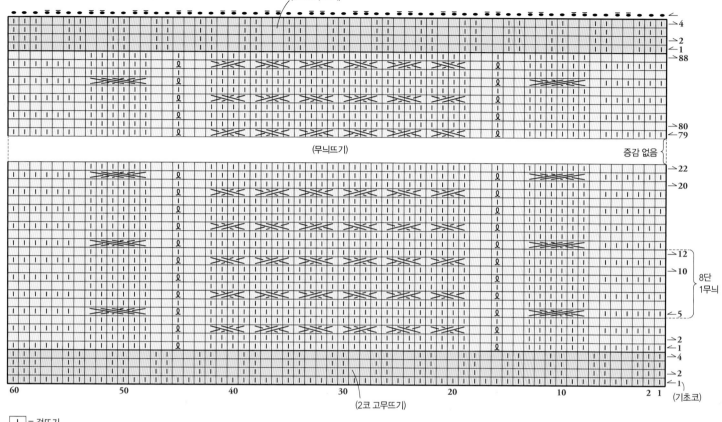

(2코 고무뜨기)

(무늬뜨기)

(2코 고무뜨기)

증감 없음

8단
1무늬

→4
→2
→1
→88
→80
←79
→22
→20
→12
→10
←5
→2
→1
←4
→2
←1
(기초코)

60　50　40　30　20　10　2　1

| | = 겉뜨기

|▢| = |—| 안뜨기

|ℓ| = 돌려뜨기

= 왼코 위 교차뜨기(2코)

= 오른코 위 교차뜨기(2코)

= 왼코 위 교차뜨기(3코)

= 오른코 위 교차뜨기(3코)

● = 덮어씌우기

⊖ = 덮어씌우기(안뜨기)

뜨개볼 1개
(짧은뜨기) 8/0호 코바늘

마지막 단의 코에 실을 통과시킨 다음
남은 실을 안에 넣고 조인다

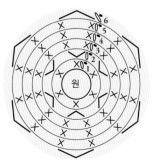

○ = 사슬뜨기

× = 짧은뜨기

∨ = 짧은 2코 늘려뜨기

∧ = 짧은 2코 모아뜨기

● = 빼뜨기

사진 p. 31   크기 … 너비 27cm, 깊이 29cm

준비물

실　하마나카 소노모노 '초극태'(1볼 40g) … 오프화이트 (11)
　　240g

바늘　막힘대바늘(하마나카 아미아미) … 15호 2개
　　양쪽코바늘(라쿠라쿠) … 7/0호 1개

부재료　가죽 어깨끈(폭 2.5cm×길이 60cm/연결 고리 포함) … 1줄
　　D링(안지름 1.5cm) … 2개

게이지　무늬뜨기(10×10cm) … 15코 18.5단

뜨는 법

⊙ 실은 1겹으로 뜹니다.

1 본체는 나중에 풀어내는 기초코 41코를 만들어 무늬뜨기로 증감 없이 뜨고, 뜨개 끝은 전단과 같은 기호로 떠서 덮어씌웁니다.

2 기초코를 풀어서 코를 줍고, 나머지 한쪽의 본체를 **1**과 똑같이 뜹니다.

3 옆선을 돗바늘로 잇습니다.

4 입구 54번째 단의 안쪽에 빼뜨기를 코바늘로 1단 뜹니다.

5 D링 고정용 고리는 일반적인 기초코 4코를 만들어 메리야스뜨기로 5단을 뜨고, 뜨개 끝은 덮어씌웁니다.

6 D링 고정용 고리를 D링에 끼워 옆선에 꿰매고, 어깨끈을 연결합니다.

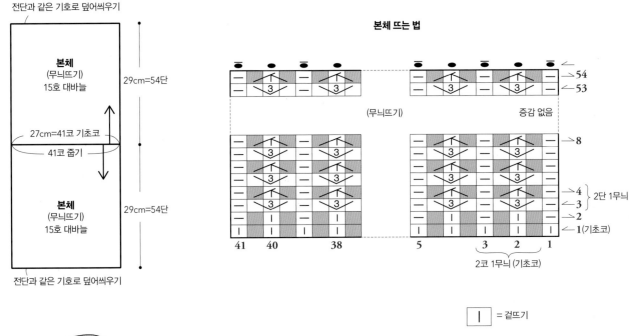

전단과 같은 기호로 덮어씌우기

본체
(무늬뜨기)
15호 대바늘

29cm=54단

27cm=41코 기초코
41코 줍기

본체
(무늬뜨기)
15호 대바늘

29cm=54단

전단과 같은 기호로 덮어씌우기

본체 뜨는 법

(무늬뜨기)　　증감 없음

←54
←53

→8

→4　} 2단 1무늬
→3
→2
←1(기초코)

41 40 38　　5　　3 2 1

2코 1무늬 (기초코)

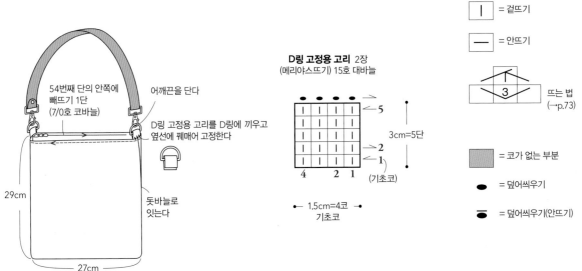

54번째 단의 안쪽에
빼뜨기 1단
(7/0호 코바늘)

어깨끈을 단다

D링 고정용 고리를 D링에 끼우고
옆선에 꿰매어 고정한다

29cm

돗바늘로
잇는다

27cm

D링 고정용 고리 2장
(메리야스뜨기) 15호 대바늘

→5

←2
←1
(기초코)

4 2 1

3cm=5단

← 1.5cm=4코
기초코

| = 겉뜨기

― = 안뜨기

뜨는 법
(→p.73)

= 코가 없는 부분

= 덮어씌우기

= 덮어씌우기(안뜨기)

<u>뜨는 법</u>

1 화살표와 같이 바늘을 넣는다.

2 바늘에 실을 걸어서 뺀다.

3 실을 뺀 모습.

4 화살표와 같이 뒤에서 앞으로 바늘에 실을 건다.

5 왼쪽에 걸린 코에 바늘을 넣고, 바늘에 실을 걸어서 뺀다.

6 1코에서 3코를 뜬 모습.

7 안뜨기를 1코 뜬다. **1–7**을 반복한다.

8 2번째 단은 뒷면을 보면서 뜬다. 화살표와 같이 3코에 바늘을 넣는다.

9 바늘에 실을 걸어 한 번에 뺀다.

10 3코 모아뜨기를 떴다.

11 겉뜨기를 1코 뜬다.

12 연속해서 무늬를 뜬 모습.

안감 만드는 법

이 책에서는 안감을 넣은 가방을 몇 가지 소개합니다. 안감을 넣으면 모양이 변형되거나 뜨개코 사이로 작은 물건이 빠져나오는 것을 방지할 수 있어요. 이 페이지에서 안감을 만들 때의 포인트를 정리했으니 가방의 모양과 크기에 맞춰 참고해주세요.

소재 고르는 법

안감은 신축성 없는 소재로, 원단 두께나 부드러운 정도 등 완성한 뜨개바탕과의 균형을 생각해서 고릅니다. 비침무늬의 뜨개바탕은 앞뒤 구분이 없는 천을 고르고, 접착심은 붙이지 않도록 주의합니다.

크기 재는 법

안감은 완성된 뜨개바탕에 스팀 다림질을 해 정돈하고 크기를 잰 다음 넣습니다. 납작한 타입은 너비와 깊이, 바닥이 있는 타입은 너비·깊이·바닥 폭, 둥근 바닥 타입은 바닥 지름과 깊이의 치수를 잽니다. 뜨개바탕의 안쪽을 재거나 바깥쪽을 잰 다음 두께를 뺍니다. 그 치수에 필요한 시접을 더해서 안감을 재단합니다. 실물 크기의 종이본을 만들어 확인하는 방법도 추천합니다.

안주머니가 있으면 편리해요

안감을 넣으면 작은 물건 등이 빠질 염려가 없고 사용하기 편합니다. 타입도 의 주머니 만드는 법을 참조해 적당한 위치에 달아보세요.

바느질할 때의 주의점

천의 앞면은 안쪽, 뒷면은 바깥쪽이 되는 안감은 가방에 붙일 때 주의해야 합니다. 시접은 가르고 바닥은 위로 넘기는 등 바느질을 마치고 나서는 꼼꼼하게 다림질을 해서 정돈한 후에 붙여야 겉쪽과 합칠 때 깔끔하게 완성할 수 있습니다. 입구나 손잡이 뒷면 등에 꿰맬 때는 접는 부분에 다림질로 자국을 내고 끝단 처리를 한 다음 접은 선을 바늘로 떠야 안감을 예쁘게 붙일 수 있습니다. 이때 안감을 살짝 내리고 뜨개바탕의 머리코 아랫부분을 바늘로 떠서 꿰매면 좋습니다.

1 네모나게 바느질한다

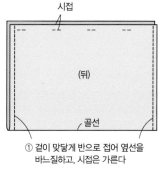

시접

(뒤)

골선

① 겉이 맞닿게 반으로 접어 옆선을 바느질하고, 시접은 가른다

② 시접을 접고 끝단을 박는다

(뒤)

2 트임 끝까지 바느질한다

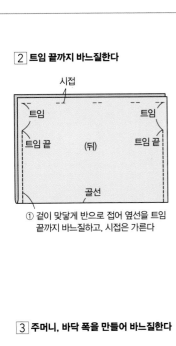

① 겉이 맞닿게 반으로 접어 옆선을 트임 끝까지 바느질하고, 시접은 가른다

② 트임과 입구의 시접을 뒤쪽으로 접고 끝단을 박는다

2´ 턱을 접어 바느질한다

② 입구 폭에 맞춰 턱을 잡는다

턱 분량

중앙

겉이 맞닿게 반으로 접어 바느질한다

③ 트임과 입구의 시접을 뒤쪽으로 접고 끝단을 박는다

① 겉이 맞닿게 반으로 접고, 트임 끝까지 옆선을 바느질한다

3 주머니, 바닥 폭을 만들어 바느질한다

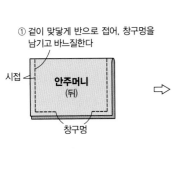

① 겉이 맞닿게 반으로 접어, 창구멍을 남기고 바느질한다

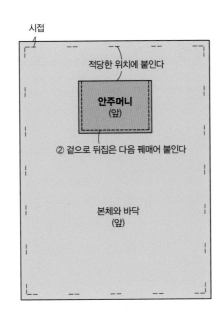

적당한 위치에 붙인다

② 겉으로 뒤집은 다음 꿰매어 붙인다

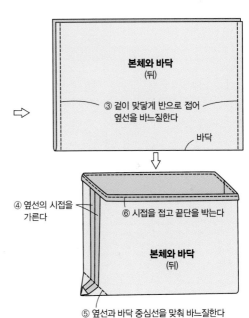

③ 겉이 맞닿게 반으로 접어 옆선을 바느질한다

④ 옆선의 시접을 가른다

⑥ 시접을 접고 끝단을 박는다

⑤ 옆선과 바닥 중심선을 맞춰 바느질한다

4 원통 모양으로 바느질한다

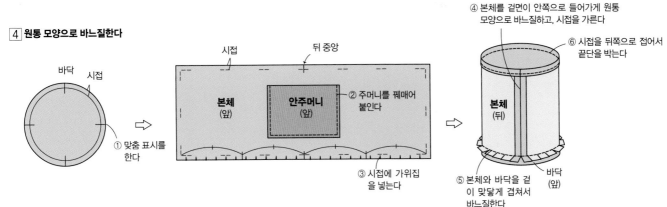

바닥

① 맞춤 표시를 한다

② 주머니를 꿰매어 붙인다

③ 시접에 가위집을 넣는다

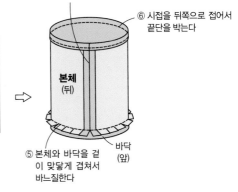

④ 본체를 겉면이 안쪽으로 들어가게 원통 모양으로 바느질하고, 시접을 가른다

⑥ 시접을 뒤쪽으로 접어서 끝단을 박는다

⑤ 본체와 바닥을 겉이 맞닿게 겹쳐서 바느질한다

바닥 (앞)

코바늘뜨기 기초
[뜨개 기호와 뜨는 방법]

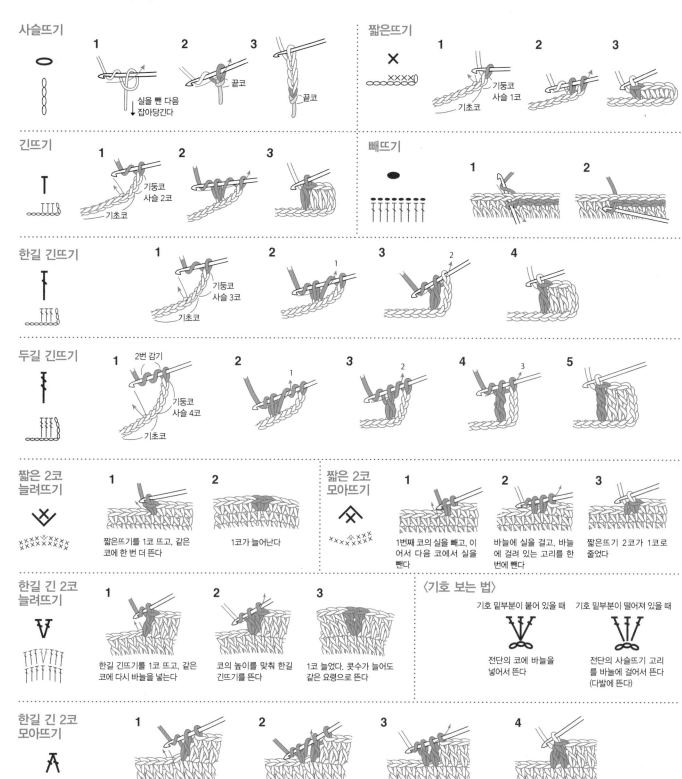

사슬뜨기

1 실을 뺀 다음 잡아당긴다

2 끝코

3 끝코

짧은뜨기

1 기둥코 사슬 1코 / 기초코

2

3

긴뜨기

1 기둥코 사슬 2코 / 기초코

2

3

빼뜨기

1

2

한길 긴뜨기

1 기둥코 사슬 3코 / 기초코

2

3

4

두길 긴뜨기

1 2번 감기 / 기둥코 사슬 4코 / 기초코

2

3

4

5

짧은 2코 늘려뜨기

1 짧은뜨기를 1코 뜨고, 같은 코에 한 번 더 뜬다

2 1코가 늘어난다

짧은 2코 모아뜨기

1 1번째 코의 실을 빼고, 이어서 다음 코에서 실을 뺀다

2 바늘에 실을 걸고, 바늘에 걸려 있는 고리를 한 번에 뺀다

3 짧은뜨기 2코가 1코로 줄었다

한길 긴 2코 늘려뜨기

1 한길 긴뜨기를 1코 뜨고, 같은 코에 다시 바늘을 넣는다

2 코의 높이를 맞춰 한길 긴뜨기를 뜬다

3 1코 늘었다. 콧수가 늘어도 같은 요령으로 뜬다

〈기호 보는 법〉

기호 밑부분이 붙어 있을 때
전단의 코에 바늘을 넣어서 뜬다

기호 밑부분이 떨어져 있을 때
전단의 사슬뜨기 고리를 바늘에 걸어서 뜬다 (다발에 뜬다)

한길 긴 2코 모아뜨기

1 한길 긴뜨기의 중간까지 뜨고, 다음 코에 바늘을 넣어 실을 뺀다

2 한길 긴뜨기의 중간까지 뜬다

3 2코의 높이를 맞춰서 한 번에 뺀다

4 한길 긴뜨기 2코가 1코가 된다. 콧수가 늘어나도 같은 요령으로 뜬다

긴 3코 구슬뜨기

1

바늘에 실을 걸어서 화살표와 같이 바늘을 넣고 실을 뺀다 (미완성의 긴뜨기)

2

같은 코에 미완성의 긴뜨기를 뜬다

3

같은 코에 미완성의 긴뜨기를 1코 더 뜨고, 3코의 높이를 맞춰 한 번에 뺀다

4

한길 긴 3코 구슬뜨기

1

미완성의 한길 긴뜨기를 3코 뜬다(그림은 1번째 코)

2

바늘에 실을 걸고 한 번에 뺀다

3  사슬 3코

[잇기]
휘감아 잇기 (전코)

뜨개바탕을 겉면이 바깥으로 나오게 겹치고, 짧은 뜨기 머리의 실 2가닥을 1코씩 바늘로 떠서 잇는다

짧은뜨기의 줄기뜨기

1

전단 머리의 뒤쪽 실만 바늘에 건다

2

줄무늬가 나오게 뜬다

이랑뜨기

1

전단 머리의 뒤쪽 실만 바늘에 건다

2

짧은뜨기를 뜬다

3

단마다 진행 방향을 바꿔서 왕복뜨기를 한다. 2단에 하나의 이랑이 생긴다

되돌아 짧은뜨기

1 사슬 1코

바늘을 앞쪽으로 돌려 화살표와 같이 넣는다

2

바늘에 실을 걸어서 화살표와 같이 뺀다

3

바늘에 실을 걸고, 2개의 고리를 한 번에 뺀다

4

1~3을 반복해 왼쪽에서 오른쪽으로 진행한다

5

짧은 앞걸어뜨기

1

화살표와 같이 바늘을 넣어 전단 코의 다리를 뜬다

2

바늘에 실을 걸고, 짧은 뜨기보다 길게 실을 뺀다

3

4

짧은뜨기와 같은 요령으로 뜬다

5

짧은 뒤걸어뜨기

1

전단의 다리를 뒤쪽에서 바늘을 넣어 뜬다

2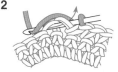

바늘에 실을 걸고 화살표와 같이 뜨개바탕 뒤쪽으로 뺀다

3

실을 조금 길게 빼서 짧은뜨기와 같은 요령으로 뜬다

4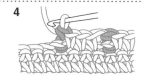

사슬 3코 피코뜨기

1 사슬 3코

사슬뜨기를 3코 뜬다. 화살표와 같이 짧은뜨기의 머리 1가닥과 다리의 실 1가닥을 바늘로 뜬다

2

바늘에 실을 걸고 한 번에 빼서 바짝 조인다

3 빼뜨기

완성. 다음 코에 짧은 뜨기를 뜬다

[뜨개 시작]

사슬뜨기의 기초코에 뜨는 방법

사슬코의 반코와 코산을 뜨는 방법

1

사슬코의 뒤쪽 실과 코산의
실 2가닥을 바늘로 뜬다

2

3

4

사슬코의 코산만 뜨는 방법

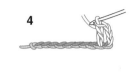

기초코의 사슬이 예쁘게 나온다

실 끝으로 원을 만드는 기초코

1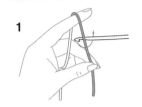

2

3

바늘에 실을 걸고 화살표와
같이 실을 뺀다

4

기둥코 사슬을 뜬다

5

원 안에 뜬다

6

7

실 끝의 실도 같이
감싸면서 뜬다

8

바짝 당긴다

필요한 콧수를 뜨고 실 끝을 당겨서 조인다.
1번째 코에 화살표와 같이 바늘을 넣는다

9

바늘에 실을 걸어서 뺀다

10

대바늘뜨기 기초

[기초코]

일반적인 기초코

1

실 끝 쪽

뜨개바탕 폭의 약 3.5배를
남긴 부분에 매듭을 만들
고, 고리 안에 바늘을 넣
는다. 실 끝 쪽의 실을 엄지
손가락에 걸고, 실타래 쪽
의 실을 집게손가락에 걸어
서 실을 조인다

2

엄지손가락 쪽의 실을 바늘로 뜬다

3

집게손가락의 실을 걸면서 원으로
통과시킨다

4

엄지손가락의
실을 뺀다

5

엄지손가락으
로 실을 가볍
게 조인다

6

나중에 풀어내는 기초코

1

실 끝 쪽

다른 실로 필요한 콧수의 사슬을 뜨고,
코산에 바늘을 넣어 실을 뺀다

2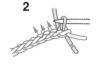

1을 반복해 필요한
콧수를 줍는다(1번
째 단이 된다)

3

1번째 단을 뜬 상태

4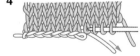

기초코의 사슬을 풀면서
코를 바늘로 옮긴다

[잇기]

돗바늘로 잇기

1

2가닥을 뜬다

2

남은 실로 뜨개 시작 부분부터 이어 나간다

[뜨개 기호와 뜨는 법]

뜨개 기호는 뜨개바탕 앞쪽에서 본 조작 기호입니다.
걸기코, 감아코, 끌어올리기코를 제외하고 한 단 아래에 그 뜨개코가 생깁니다.

겉뜨기

안뜨기

걸어뜨기

돌려뜨기

오른코 겹쳐 3코 모아뜨기
② 왼코 겹쳐 2코 모아뜨기
① 뜨지 않고 오른쪽 바늘로 옮긴다
②에 ①을 덮어씌운다

오른코 겹쳐 2코 모아뜨기

② 겉뜨기를 뜬다
① 뜨지 않고 오른쪽 바늘로 옮긴다
②에 ①을 덮어씌운다

왼코 겹쳐 2코 모아뜨기
2코를 한 번에 뜬다

오른코 겹쳐 2코 모아뜨기(안뜨기)

왼쪽 바늘을 화살표와 같이 넣어 코의 위치를 바꾸고, 2코를 한 번에 안뜨기로 뜬다

왼코 겹쳐 2코 모아뜨기(안뜨기)
2코를 한 번에 안뜨기로 뜬다

덮어씌우기
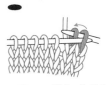
2코를 뜨고, 2번째 코에 1번째 코를 덮어씌운다. 그다음부터는 1코를 뜨고, 오른쪽 코를 덮어씌운다

돌려뜨기(안뜨기)

1
바늘을 화살표와 같이 넣는다

2
안뜨기처럼 뜬다

돌려뜨기로 코 늘리는 방법

오른쪽

1
1번째 코와 2번째 코 사이에 걸려 있는 실을 오른쪽 바늘로 뜬다

2
돌려뜨기로 뜬다

3

왼코 위 교차뜨기(1코)
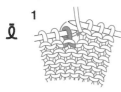

1
오른쪽 바늘을 다음 코의 앞을 지나서 1코 건너뛰고 화살표와 같이 넣어 겉뜨기를 뜬다

2
건너뛴 코를 겉뜨기로 뜬다

3
왼쪽 바늘에서 2코를 뺀다

덮어씌우기(안뜨기)

1
끝의 2코를 안뜨기로 뜨고, 1번째 코를 2번째 코에 덮어씌운다

2
안뜨기를 뜨고 덮어씌우기를 반복한다

3
마지막 코를 빼고 실을 조인다

오른코 위 교차뜨기(2코)

※콧수가 달라져도 같은 요령으로 뜬다

1

2
다른 바늘에 2코를 옮겨 앞쪽에 두고, 다음 2코를 겉뜨기로 뜬다
다른 바늘의 코를 겉뜨기로 뜬다

왼코 위 교차뜨기(2코)

※콧수가 달라져도 같은 요령으로 뜬다

1

2
다른 바늘에 2코를 옮겨 뒤쪽에 두고, 다음 2코를 겉뜨기로 뜬다
다른 바늘의 코를 겉뜨기로 뜬다

오른코 위 교차뜨기
(겉뜨기 2코와 안뜨기 1코의 교차)

※콧수가 달라져도 같은 요령으로 뜬다

1

2
다른 바늘에 2코를 옮겨 앞쪽에 두고, 다음 1코를 안뜨기로 뜬다
다른 바늘의 코를 겉뜨기로 뜬다

왼코 위 교차뜨기
(겉뜨기 2코와 안뜨기 1코의 교차)

※콧수가 달라져도 같은 요령으로 뜬다

1

2
다른 바늘에 1코를 옮겨 뒤쪽에 두고, 다음 2코를 겉뜨기로 뜬다
다른 바늘의 코를 안뜨기로 뜬다

안뜨기의 기호 표시법

안뜨기의 기호는 기호 위에 '━'가 붙습니다.

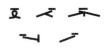

79

HUYU NI AMITAI BAG NO HON BOBARIAMI TO KAGIBARIAMI

Copyright © 2020 Asahi Shimbun Publications Inc., All rights reserved.
Original Japanese edition published in Japan by Asahi Shimbun Publications Inc., Japan.
Korean translation rights arranged with Asahi Shimbun Publications Inc., Japan
through Imprima Korea Agency.

이 책의 한국어판 저작권은 Imprima Korea Agency를 통한 저작권자와의 독점 계약으로 한스미디어가 소유합니다.
저작권법에 의하여 한국 내에서 보호를 받는 저작물이므로 무단전재와 복제를 금합니다.

겨울 손뜨개 가방

1판 1쇄 발행 | 2021년 8월 25일
1판 2쇄 발행 | 2022년 12월 15일

지은이 아사히신문출판
옮긴이 강수현
펴낸이 김기옥

실용본부장 박재성
편집 실용 2팀 이나리, 장윤선
마케터 이지수
판매 전략 김선주
지원 고광현, 김형식, 임민진

디자인 푸른나무디자인
인쇄·제본 민언프린텍

펴낸곳 한스미디어(한즈미디어(주))
주소 121-839 서울시 마포구 양화로 11길 13(서교동, 강원빌딩 5층)
전화 02-707-0337 | 팩스 02-707-0198 | 홈페이지 www.hansmedia.com
출판신고번호 제 313-2003-227호 | 신고일자 2003년 6월 25일

ISBN 979-11-6007-731-5 13590

책값은 뒤표지에 있습니다.
잘못 만들어진 책은 구입하신 서점에서 교환해 드립니다.